生活因阅读而精彩

生活因阅读而精彩

此心安处，便是吾乡

THE
SPIRITUALE
HOME
IS
OUR
HOMELAND

莫子涵 著

中国华侨出版社

图书在版编目(CIP)数据

此心安处,便是吾乡/ 莫子涵著.—北京:
中国华侨出版社,2013.12 (2021.4重印)

ISBN 978-7-5113-4287-4

Ⅰ.①此… Ⅱ.①莫… Ⅲ.①人生哲学–通俗读物
Ⅳ.①B821–49

中国版本图书馆 CIP 数据核字(2013)第286098 号

此心安处,便是吾乡

著　　者 / 莫子涵
责任编辑 / 齐敬霞(毕诚)
责任校对 / 李向荣
经　　销 / 新华书店
开　　本 / 787 毫米×1092 毫米　1/16　印张/17　字数/235 千字
印　　刷 / 三河市嵩川印刷有限公司
版　　次 / 2014年1月第1版　2021年4月第2次印刷
书　　号 / ISBN 978-7-5113-4287-4
定　　价 / 48.00 元

中国华侨出版社　北京市朝阳区静安里 26 号通成达大厦 3 层　邮编:100028
法律顾问:陈鹰律师事务所
编辑部:(010)64443056　　64443979
发行部:(010)64443051　　传真:(010)64439708
网址:www.oveaschin.com
E-mail:oveaschin@sina.com

前言

　　"越长大越飘零,越长大越孤独。"每当夜深人静,每当繁华过眼,这种深深的孤寂便如影相随。是什么,改变了容颜的单纯?是什么,抹去了心灵的愉悦?又是什么,让自己如此不安?是因为远离故乡吗,是因为形单影只吗?都不是,都不是。

　　睡不着,我便起来,透过飘窗,看陌生而熟悉的夜景,这是一种享受,这是一种安慰。也许,只有夜才懂我,我在夜里,便是自己,我便是夜。就在此刻,就在日复一日的失眠,静夜思中,我得到了。

　　飘零,孤独,不安,都源自心没有归宿。心的故乡是荒原。在岁月匆匆中,我拥有了财富,也拥有了爱人,而我却忽视了最重要的本心。在劳累中,在奔波中,我遗忘了自己的心。这是何等的残酷!所以,我有了这样的孤寂。此刻,我热泪盈眶,我终于找到自己的症结。我想,在这条孤独的路上,我一定还有很多很多同伴。

我的朋友,醒醒吧。和我一起,把心唤醒,用焕然一新的气息亲吻她,给她一个清新的雾霭,美妙的早晨。给她一个温柔的拥抱,带她沐浴阳光,让欢乐弥漫她的脸。给她玫瑰,也给她风雨。在香气四溢中,在淋漓尽致中,丰富她,完美她。当夜色来临,给她点亮一盏灯,带她回家。

再一次,星辰到来,我伫立窗前,看到的不再是孤寂,而是故乡那美丽的原风景。这时,我便可以安心地去睡了。

目录
CONTENTS

第一章 静心洗尘，安看人生浮沉

第二章 流动心海，笑纳生活百味

第三章　　风雨行程,快乐是最深的领悟

第四章　　心沐阳光,弹去几多尘烟

第五章　　用心追梦,圆满如约而至

第八章　　学会了珍惜,加倍了拥有

第九章　　柔眼慈心,温暖整个世界

第十章　　心如菊,人生就是一幅画

第一章
静心洗尘，安看人生浮沉

　　漫漫人生，红尘滚滚，行走在眼花缭乱的社会丛林，如何安然度过此生？其实也不难，只要我们能心似明镜，心平如水，不为名利起波澜，便能"万花丛中过，片叶不沾身"，潇洒、从容地享受自己的安宁。

一抹茶香

历经岁月的生命，就是一盏开水滚过的清茶。

生命的意义是由每一个唯一的此时此刻构成的，我们不是为过去而活，也不是为未来而活。可惜不少都市人士不懂这个道理，总是一味地留恋过去的事情，或者一味地憧憬未来更美好的东西，而忽视了此时此刻的拥有。

曾读过这样一个故事，令人颇有感触。

一位哲人旅行时途经一座古城的废墟，岁月让这座城池极尽荒芜，但他凭着自己锐利的眼光还是看出这座城池昔日辉煌时的风采。城池的兴衰给哲人带来了无尽的思索，他随手搬过一个石雕坐下来，不由得感慨万千。

忽然，一个声音飘进哲人的耳朵："先生，你感叹什么呀？"哲人四下张望却没有人，才发现声音来自己坐着的石雕——那是一尊"双面神"石雕。哲人没见过双面神，奇怪地问："你为什么会有两副面孔呢？"

双面神说："有了两副面孔，我才能一面察看过去，牢牢吸取曾经的教训；另一面瞻望未来，去憧憬无限美好的明天。"

哲人听罢，说道："过去的只能是现在的逝去，再也无法留住；而未来又是现在的延续，是你现在无法得到的。你不把现在放在眼里，即使你能对过去了如指掌，对未来洞察先知，又有什么意义呢？"

听了智者的话，双面神不由得痛哭起来："你的这番话让我茅塞顿开，我终于明白，我今天落得如此下场的根源。"

哲人问："为什么？"

双面神解释说："很久以前我驻守这座城池时，总是一面察看过去，一面瞻望未来，却唯独没有好好把握现在，结果这座城池被敌人攻陷了，美丽的辉煌成了过眼云烟，我也被人们唾骂而弃于这废墟中。"

昨天已成为过去，明天还没有到来，总回想过去，有限的精力会被无端浪费，老幻想明天，时光就会白白地流逝。人生不是徘徊，人生不是等待，人生最好的时光就是宝贵的现在，我们一定要学会活在当下。

到底什么叫做"当下"？简单地说，"当下"指的就是：你现在正在做的事、待的地方、周围一起工作和生活的人；"活在当下"就是要你把关注的焦点集中在这些人、事、物上面，全心全意认真去接纳、投入和体验这一切。

弟子们跟着大珠禅师修道已经好几年了，常常听禅师说"禅"这个字，却不明白究竟什么是禅。有一次，一名弟子与大珠禅师吃饭的时候，忍不住问："师父，你们不是常常说禅吗？到底什么是禅啊？"大珠禅师停下手中的筷子，冷冷地看了弟子一眼，什么都没有说。到了晚上睡觉的时候，这名弟子又忍不住问大珠禅师："师父，你快告诉我，到底什么是禅啊？"这次大珠禅师有动作了，他轻轻地用手敲了敲小和尚的头，然后闭着眼睛说："吃饭的时候吃饭，睡觉的时候睡觉，这就是禅！切勿，吃饭时不吃饭，百种须索；睡觉时不睡觉，而千般计较。"

"吃饭的时候吃饭，睡觉的时候睡觉"这句话确实禅意十足，我们在吃饭

时想着睡觉，在工作时想着休息，在恋爱时想着分手，在拥抱时还在看表，在
上床时想着工作，在上班时想着上网……我们不能在当下的一刻做专一的事，
所以我们还是凡人一个，没能成为一个得道悟禅的大师。

学习就专心学习、工作就专心工作、吃饭就专心吃饭、睡觉就专心睡觉
……此时此刻便是一个停滞的当下，你只需凝神静享，躺在时间的河流里接受当
下的润泽。它可以是在阳光下的悠然漫步，可以是黄昏里默默执手……如果把当
下扔进生命之杯，那当下就是暖炉上的一杯清茶，暖暖的依存，淡淡的清香。

曾经读过一个小故事，让人醍醐灌顶，豁然开朗。

从前有个渔夫躺在沙滩上悠闲地晒太阳，有个富翁走过来对他说："你怎
么能在这里晒太阳，你现在应该去努力干活啊。"

渔夫问："干活有什么用呢？"

富翁说："干活就会有一点积蓄。"

渔夫问："有积蓄又有什么用呢？"

富翁说："有了一点积蓄，你就能进行投资；只要努力工作，细心管理你
的投资，加上运气好的话，一二十年后，你就能变成一个富翁了。"

渔夫又问："成为富翁有什么用呢？"

富翁说："成了富翁就能像我一样，可以躺在沙滩上晒太阳。"

渔夫问富翁："你看我现在在干什么？"

渔夫的回答妙到极处，"你看我正在干什么？"活在当下，什么都不想，
就只是在那里，在当时，享受每一个真实刹那，是最愉快，最安稳，最科学

的一种方法。那春天美丽的花、夏日凉爽的轻风、秋天丰硕的果实、冬日和煦的阳光，那得之不易的机会，那美好的幸福时光，那大好的青春年华……

对过去已发生的事不作无谓的思维与计较，所以无悔；对未来会发生什么也不去作无谓的想象与担心，所以无忧。没有过去拖在后面，也没有未来拉着往前时，生命全部的能量都集中在这一刻，生命也就具有了一种巨大的张力，喜悦而不为一切由心所生的东西所束缚，这就是幸福的最好写照了。

事实上，"当下"也是稍纵即逝的，正如朱自清在《匆匆》里所描述的："洗手的时候，日子从水盆里过去；吃饭的时候，日子从饭碗里过去；默默时，便从凝然的双眼前过去……"当下的前一秒是过去，下一秒就是未来，当下连接着过去和未来，所以好好把握现在，活在当下，我们也就拥有了过去和未来。

时间是由无数个"当下"串联在一起的，每一个瞬间、每一个当下都将是永恒。林清玄在作品《天心月圆》中说过这样一句话："昨天的我是今天的我的前世，明天的我就是今天的我的来生。我们的前世已经来不及参加了，我们有什么样的来生尚且不知。让它们去吧！就把握今天吧！"

"对酒当歌，人生几何？"人活百岁，不过三万多天，白驹过隙，忽然而已。年华似水，无关痛痒，它静静地，悄悄地从我们身边流过。流光一闪，红了樱桃，绿了芭蕉。活在当下的此时此刻，用心演绎生活的精彩，感悟生命的真谛，就能拥抱真正的自我，找到获得平和与宁静的入口。

不浮不躁，坐看云起，端坐静感，乐享当下。

心底的白莲花

心底深处，唯有你——我的白莲花。

一位心理专家曾问过无数人："什么是人生美事？"人们大都列出一张清单：权力、美貌、健康、才华、爱情、财富……心理专家摇摇头，开出一剂"良药"——保持心灵的宁静，并叮嘱道："没有它，上述种种都会给你带来极大的痛苦！"

当今社会压力重，诱惑多，人需要修养，需要宁静，心是最大的净土。如果没有良好的心态，就会终日为生计奔忙，加重生命的负担，加速心灵的浮躁，终使自己心力交瘁、迷惘躁动，而与豁达康乐无缘。

俗话说，世上本无枷，心锁困住人。检查一下生活，相信会发现许多例证：没有恋人想恋人，结婚以后吵闹甚至要离婚；没有子女想子女，有了子女累老人；没有权力想权力，有了权力宠辱皆惊；没有钱想钱，钱多了又担心……这样下去，何来安然可言？这方面的例子不胜枚举，而这些痛苦都是自己找的。

慧能是中国禅宗的第六祖，有一次他去广州法性寺，值印宗法师讲《涅槃经》，有幡被风吹动，因有二僧辩论风幡，一个说风动，一个说幡动，争论不已，慧能便插口说："不是风动，不是幡动，仁者心动。"这个典故深刻地点明了万物皆空无、一切唯心造的哲理。也就是说，心静，周围乱也变静；心乱，周围静也变乱。

世间万物皆有心，天有天心，天心静，则万籁俱寂，幽然而静美；人有人心，人心静，则心若碧潭，静如清泉……我们的"心"时时刻刻受到外部世界的冲击，若想做智慧之人，过行云流水的生活，就要使心安住于平静的状态，从而不向外追逐。心静是心安的起点，一念心清净，处处莲花开。

一天天气酷热，唐朝诗人白居易前往拜访恒寂禅师，却见恒寂禅师在房间内很安静地坐着。白居易就问："禅师！这里好热哦！怎不换个清凉的地方？"

恒寂禅师说："我觉得这里很凉快啊！"

白居易深受感动，于是作诗一首："人人避暑走如狂，独有禅师不出房；非是禅房无热到，为人心静身即凉。"

无论外界如何变幻，让自己的心静一点，再静一点，留给自己一方安宁的晴空，留给自己一隅思索的空间，最容易达到"致虚极，守静笃"的境界，让自己释放和释然，让自己成熟和理智。这种精神修养与心理上的抗干扰能力有着绝对关联，它无法馈赠和积存，只有靠个人修养与定力去体会。

事实上，我们的心本来是自然的、清净的，不造作，不染纤尘，只是被无明的烦恼障蔽后才变得杂乱垢染，念念无常，如同湖面起了波涛。因此，我们需要时常进行自我净化，随时去观照自己的心念，是不是对色身起执著？是不是固执己见？如此慢慢摆脱我们身心错误的妄执和贪恋，把内心的世界清净，化烦恼为菩提。

有一个人是虔诚的佛教信徒，他每天都从自家花园里采撷鲜花到寺院供佛。一天，当他正送花到佛殿时遇到了一位禅师，禅师欣慰地说："你每天都虔诚地来以香花供佛，依经典的记载，常以香花供佛者，来世当得庄严相貌的福报。"

信徒非常欢喜，问道："的确，我每天来寺礼佛时，自觉心灵就像洗涤过似的清凉。但是奇怪的是，我一回到家，心就烦乱了，请问我如何才能在喧嚣的世事中保持一颗清净纯洁的心呢？"

"你每日以鲜花献佛，相信你对花草会有一些常识。那么，我想请问，花朵如何保持新鲜呢？"禅师反问道。

"这是一个很简单的道理啊"，信徒答道，"保持花朵新鲜的方法莫过于每天换水，并且在换水时把花梗剪去一截，因花梗的一端在水里容易腐烂，腐烂之后水分不易被吸收，就容易凋谢！"

禅师道："保持一颗清净的心其道理也是一样，我们的生活环境像瓶里的水，我们就是花。唯有心静一点，不断地忏悔和检讨，改进陋习和缺点，不停地净化身心，我们才能不断吸收到大自然的食粮。"

心静，是生活的一种思考，是人生的一种境界，更是安心的必要智慧。

在竞争激烈的现代社会，很多人忙忙碌碌，几乎没有一分钟是清静的、清闲的，曾几何时我们感叹：工作太忙了、事情太多了、应酬太多了，难得有几天清静的日子。如此看来，保持一颗净心就显得尤为重要了。不管外界多么繁乱，内心依旧清净安详，一尘不染，这就是定力。

每天为自己留出十分钟来安静一下，从声色繁华中超脱出来，用智慧随时去观照自己的心念，在宁静中深思和检讨自己，这个时间我们能够承受得起，也能够消受得起。如果你能做到，那么你就能唤醒内心的纯净与宁和，如清淡出尘的莲花一样，淡然绽放，散发出生命的馨香。

洗心禅语

药山禅师说："云在青天水在瓶。"

《洗心禅》里有这么一个典故。

李翱是唐代思想家、文学家，哲学上受佛教影响颇深，他认为人性天生为善，非常向往药山禅师的德行，他在担任朗州太守时曾多次邀请药山禅师下山参禅论道，均被拒绝，所以李翱只得亲自登门造访。那天药山禅师正在山边树下看经，虽然是太守亲自来拜访自己，但他毫无起迎之意，对李翱不理不睬。

见此情景，李翱愤然道："见面不如闻名！"便拂袖而出。这时，药山禅师冷冷地说道："太守怎么能贵耳贱目呢！"一句话使得李翱为之所动，遂转身礼拜，一番攀谈后请教"什么是道"，药山禅师伸出手指，指上指下，然后问："懂吗？"李翱道："不懂。"药山禅师解释说："云在青天，水在瓶！"

"云在青天水在瓶"，药山禅师短短的七个字蕴涵着两层意思：一是说，云在天空，水在瓶中，这是事物的本来面貌，没有什么特别的地方。只要领会事物的本质、悟见自己的本来面目，也就明白什么是道了；二是说，瓶中之水好比人心，如果你能够保持清净不染，心就像水一样清澈，不论装在什么瓶中，都能随方就圆，有很强的适应能力，能刚能柔，能大能小，就像青天的白云一样，自由自在。

其实，"云在青天水在瓶"也是我们为人处世的一种智慧。这是一种淡泊而高远的境界，源于对现实的清醒认识，追求的是沉静和安然，是洞悉人事之后的明智与平和，即保持一种荣辱不惊、物我两忘的平常心，这也是我们最难得的精神状态。

的确，在这个个性张扬、争名逐利、浮躁忙乱的现代都市中，不少人心被撩拨得蠢蠢欲动，不是为名利的患得患失所劳役，就是被人际的钩心斗角所左右，随之而来的必然是痛苦和烦恼。拥有一颗平常心，对待周围的环境做到"不以物喜，不以己悲"，对待周围的人事做到"宠辱不惊，去留无意"，内心也就获得了平静。

弘一法师俗名李叔同，清光绪年间生于富贵之家，是一位才华横溢的艺术家，是名扬四海的风流才子，他集诗词、书画、篆刻、音乐、戏剧、文学等于一身，在多个领域中开创了中华灿烂文化之先河，用他的弟子、著名漫画家丰子恺的话说："文艺的园地，差不多被他走遍了"……

但正当盛名如日中天，正享荣华之时，李叔同却抛却了一切世俗享受，到虎跑寺削发为僧了，自取法号弘一。出家24年，他的被子、衣物等，一直是出家前置办的，补了又补，一把洋伞则用了30多年。所居房内异常朴素，除了一桌、一橱、一床，别无他物；他持斋甚严，每日早午两餐，过午不食，饭菜极其简单。弘一法师还视钱财如粪土，对于钱财随到随舍，不积私财。除了几位故旧弟子外，他极少接受其他信徒的供养。据说曾经有一次，有人赠给他一副美国出品的白金水晶眼镜。他马上将其拍卖，卖得500元，把钱送给泉州开元寺购买斋粮。

弘一法师以教印心，以律严身，内外清净，写出了《四分律比丘戒相表记》、《南山律在家备览略篇》等重要著作……他在宗教界声誉日隆，一步一个脚印地步入了高僧之林，成为誉满天下的大师，中国南山律宗第十一代祖师。正因为此，对于李叔同的出家，丰子恺在《我的老师李叔同》一文中说"李先生的放弃教育与艺术而修佛法，好比出于幽谷，迁于乔木，不是可惜的，正是可庆的。"

前半生享尽了荣华富贵，后半生却剃度为僧。这种变化，在常人看来觉得不可思议，甚至在心理上难以承受，而弘一法师却以平常心淡定自然地完成了转化，坚持修行严谨的律宗，并且做得平心静气，淡然地享受着"绚烂之极归于平淡"的生活，最终收获了人生的绚烂极致。没有一颗对待荣华富贵的平常心，对待人生际遇的平常心，能达到这种"云在青天水在瓶"的境界吗？

由此可见，以平常心面对一切荣辱不是懦夫的自暴自弃，不是无奈的消极逃避，不是对世事的无所追求，而是人生智慧的升华，是生命境界的觉悟。这需要修行，需要磨炼，一旦我们达到了这种境界，就能在任何场合下，保持最佳的心理状态，充分发挥自己的水平，施展自己的才华，从而实现完满的"自我"。

明朝学者洪应明在《菜根谭》上说："此身常放在闲处，荣辱得失谁能差遣我；此心常安在静中，是非利害谁能瞒昧我。"意思是说，经常把自己的身心放在安闲的环境中，世间所有的荣华富贵和成败得失都无法左右我；经常把自己的身心放在安宁的环境中，人间的功名利禄和是是非非就不能欺骗蒙蔽我了。

的确，人们难免遭到不幸和烦恼的突然袭击，有一些人面对从天而降的灾难，处之泰然，总能使平常和开朗永驻心中；也有一些人面对突变而方寸大乱，甚至一蹶不振，从此浑浑噩噩。为什么受到同样的心理刺激，不同的人会产生如此大的反差呢？原因正在于能否保持一颗平常心，荣辱不惊。

保持一颗平常心，意味着面对世事不骄不躁，"以出世之心，做入世之事"；保持一颗平常心，意味着压力下收放自如，始终有心情去感受宠辱不惊、花开花落的自在。凡事用一颗平常心去看待，像天空中的浮云与瓶中的水那样静态，即使不能改变自己的命运，也能将心态调至最佳状态，领悟到生活的真谛。

事事平常，事事不平常。平常心看似平常，实不平常。

诗人的湖

即便没有湖，在诗人的心里，也是湖水悠悠。

"人"字一撇一捺够简单的了，人却是最聪明又最复杂的动物，偏偏习惯把简单之事复杂化，把微小之事放大化，如此生活就会变得冗繁复杂、沉重忙乱。时下，不少人抱怨工作累、生活累、活得累。单纯的工作累或者生活累其实只不过是一个说辞，心累，这才是实质。

不知道从什么时候开始，我们的周围开始时时充斥着金钱、功名、利益的角逐，处处都充斥着许多新奇和时髦的事物……人人都在追求高品质的生活，人人都想得到自己想要的东西，追求的目标越来越多，奔跑的速度越来越快，整天忙碌着，奋斗着，"心"怎么会不累呢？"累"是一种必然。

一个年轻人觉得生活很沉重，便问智者：生活为何如此沉重？智者听罢，随即给他一个篓子，让他背在肩上并指着前面一条沙砾路说："你每走一步就捡一块石头将之放进去，最后体会有什么感觉。"

年轻人就背上篓子，一路不停地拾捡，走到路头，他就回过头来对智者说："越来越沉重了！"

智者说："这也就是你为什么感觉生活越来越沉重的原因。每个人来到这个世界上时，都会背着一个空篓子，然而我们每走一步都要从这世界上捡一样东西放进去，所有才以了越来越累的感觉。"

年轻人放下篓子，顿觉轻松愉悦。

与其抱怨世界复杂，不如心拥简单，把世界上一切复杂的纷扰都化"繁"为"简"，没有占有和控制人、物的负担，没有攫取金钱、财富、名利等的欲望，就像一个长途跋涉者，甩掉一个又一个沉重的包袱，你的心便会淡然开朗，生命的路途上是何等轻松快乐啊！沿途的大自然景色是何等的美丽啊！

由此可见，简单是一种境界，是人生心境上的一种历练、豁达；简单是一种完美的生活态度，是经历人生冗杂后凝就的一份精髓。简单，是平息外部无休止的喧嚣，回归内在自我的唯一途径，更是一种至纯至美的人生境界。

年轻的时候，玛丽比较贪心，什么都追求最好的，拼命地想抓住每一个机会。有一段时间，她手上同时拥有十三个广播节目，每天忙得昏天暗地。事业越做越大，玛丽的压力也越来越大。到了后来，玛丽发觉拥有更多、更大不是乐趣，反而是一种沉重的负担。她的内心始终被一种强烈的不安全感笼罩着。

一天，玛丽意识到自己再也忍受不了这种生活了，用这么多乱七八糟的事情来将自己清醒的每一分钟都塞得满满的，简直就是对自己的一种折磨。也就是这个时候，她终于作出了一个决定：要开始摒弃那些无谓的忙碌，让生活变得简单一点，只有这样才能活出自我来。为此，她着手列出一个清单，她把需要从她的工作中删除的事情都排列出来，然后采取了一系列"大胆的"行动。取消了一大部分不必要的电话预约，打电话给一些朋友取消了每周两次为了拓展人际关系的聚会，等等。

就这样，通过改变自己的日常生活与工作习惯，通过去除烦躁与复杂，玛丽感觉到自己不再那么忙碌了，还有了更多的时间陪家人，有了更多的思考时间，因为睡眠时间充足，心态变轻松了，她的工作效率得到了很大的提高，身心状况也变得好了很多，而且她每天都会有快乐和愉悦的心情，乏味的平淡生活得到了改观。

确实，生活原本是简单的，当一个人在生活上的需要简化到最低限度时，就会少些患得患失，多些从容淡定，心神更加安详。因此，也就能够全身心投入到生活中，体验生命的激情和至高境界，获得极为丰富精彩的人生。这正如一位哲人所言："生命如果以一种简单的方式来经历，连上帝都会嫉妒。"

清人刘大魁在《论文偶记》写道："凡文笔老则简，意真则简，辞切则简，理当则简，味淡则简，气蕴则简，品贵则简，神远而含藏不尽则简，故简为文章尽境。"做美文须如此，做人也一样。一份淡定、一份澄明、一份雅致，在简单中顺畅，在简单中成就，在简单中自得，这种简单很可敬，此种心境甚是可贵。

美国人亨利·戴维·梭罗是一名作家，他一个人在瓦尔登湖畔建造了一栋木屋，然后自己种植物喂养自己，靠打工的钱添置生活必需品。他住的木屋面积不大，穿着半新不旧的衣服，吃田间的马齿苋、玉米饼面包之类能维持人日常活动能量的食物。当然这也并不是说他没有能力为自己买一座大房子以及新衣服等，这只是他选择的生活方式。

后来，由于梭罗在文学艺术上做出了巨大贡献，有关部门给他免费提供了一所住宅，并决定聘用他为文化部的干部——但是他拒绝了，他说："如果我接受那些外在的房子、物质等，不仅要为之耗费精力，还很有可能受到诱惑，杂念和烦恼自然也就会束缚我的内心，同时也束缚了我的生活。奢侈与舒适的生活，实际上妨碍了人类的进步。"

从 1845 年 7 月到 1847 年 9 月，梭罗独自生活在瓦尔登湖边，差不多正好两年零两个月。瓦尔登湖不仅为梭罗提供了一个栖身之所，也为他提供了一种独特的精神氛围，之后他推出了自己的作品《瓦尔登湖》，文学界评价说这是一本"超凡入圣"的书。

"奢侈与舒适的生活，实际上妨碍了人类的进步。"梭罗的话道出了伟大的"秘诀"！阅读《瓦尔登湖》是一个让紧张得以释放，心灵趋于宁静的过程。瓦尔登湖，梭罗的湖，澄澈见底，不染纤尘，是心灵的湖泊。我们应该向梭罗那样化"繁"为"简"，去寻找一个能让自己获得平静、自在、坦然、简单的湖泊。

"菩提本无树，明镜亦非台。本来无一物。何处惹尘埃。"将生活化"繁"为"简"，用纯粹的心体味生活，不必挖空心思依附权势，不必贪图名利富贵，更无须去计较那些不必要的复杂。简简单单地存在，势必能够在繁乱都市中收获一颗若莲素心，终究体会到自身生命的精彩，感受到生活的意义。

日子安详

柴米油盐，也可以浪漫无边。

电视剧上唯美纯净缠绵悱恻的爱情演绎，令人心生羡慕；古今中外的名人中独一无二浪漫恒久的恩爱夫妻，更令人无比仰慕。但在凡俗里，更多的是平凡人物的平常日子，爱情，也是凡俗里的平淡生活，是柴米油盐的琐碎。

恋爱的人骨子里都是追求浪漫的，但这种浪漫情怀却很容易在柴米油盐的婚姻生活中消磨殆尽，只剩下平淡如水的日子。就连三毛都说，"爱情看起来很浪漫，很纯情，可最终现实是残酷的，因为它经不起柴米油盐的烹制。"

的确，生活不是电视剧，婚姻更不是偶像剧，不会每天都有那么多的惊喜，不会每天有那么多的浪漫，它很平凡，它很平淡，但是婚姻生活的真谛就在于琐碎的柴米油盐中，实实在在的生活才是最重要的，才是生活真实的滋味。

她和他在电影院偶然相遇，一见钟情。新婚生活是美好的，两人各自忙着自己的事业，回到家就是柴米油盐，可是渐渐地喜欢浪漫的她觉得日子太过平淡，对爱人没有了心跳的感觉，她甚至觉得他不是真的爱自己，提出了离婚。

男人深爱这个女子，他艰涩地问："为什么？难道你觉得我不够爱你吗？

那你说，我哪里做得不好，我要怎么做，你才能改变主意?"

她说："我问你一个问题，如果你的答案我能接受，那我就选择留下。假如我非常喜欢一朵花，但是它长在悬崖上，如果你去摘，一定会掉下去摔得粉身碎骨，你还会为了我去摘吗?"

他沉默了一会儿，然后说道："我想一下，明天早上给你答案。"

第二天早上，她醒来时他已经出去了，桌上依然像往常一样放着一碗她最爱的、热腾腾的米粥，下面压着一张他留下的纸条，上面写着满满的字。看了第一行后，她的心一下子沉了下去，但……

亲爱的:

我确定我不会去摘那朵花，理由是:

在这里住了这么久，你出去还是经常找不到方向，然后就开始哭，所以我要留着眼睛帮你看路。

别人惹你生气时，你总是不说话，喜欢一个人生闷气，而我怕你气坏了身子，所以我要留着嘴巴逗你开心。

你每月那几天都会疼痛难忍，而我要留着手给你暖肚子。

你出门总是忘记带钱包，买好了东西才发现没带钱，而我要留着脚跑去给你送钱，让你把喜欢的东西买回家。

因此，在确定你身边没有更爱你的人之前，我不想去摘那朵花……

亲爱的，如果你接受我的答案，就把房门打开吧! 我正拿着你最喜欢吃的豆沙包在门外等着呢……

她打开了房门，扑在他怀里放声大哭，她不再需要那花了!

锅碗瓢盆所演绎的琐碎生活，总会将风花雪月尘封在时光的沙漏里。走在婚姻路上，也许他没有天天对你说"我爱你"，但他为你打上一把遮风避雨的伞，为你沏上一杯飘着香气的茶，为你盖上早已暖热的被，给你一个宽大而坚强的肩膀，给你一个释放委屈的拥抱……谁能说这不是另一种意义上的浪漫呢？

关于爱情，它的表现方式有很多种。有一种爱情像烈火般的燃烧，刹那间放射出的绚丽光芒，能将两颗心迅速融化；也有一种爱情像春天的小雨，悄无声息地滋润着对方的心灵。前者声势浩大却只能灿烂一时，后者平平淡淡却绵延不断。真爱不在于一瞬间的悸动，而在于两个人默默守候。

有这样一对中年夫妇，他们是朝九晚五的上班一族，而且工作地点离得很近。每天早上，先生都会骑着自行车送妻子上班。上车前，先生都会等妻子在车后座坐稳了才跨上车用力一蹬，而且不时地回头关照一下他的妻子，举手投足间透着对妻子的关爱。而妻子如公主一般幸福地坐在车后座上，双手轻轻搂着丈夫的腰，脸上也洋溢着满足。下班回到家，狭小的厨房里，妻子不停地忙碌着，饭锅里正冒着热气，厨房里氤氲着一层饭香的烟雾。而他也不闲着，浇花、收拾房间、倒垃圾等，两人有说有笑，消除了一天所有的疲劳，绵延出了无尽的满足与幸福。

妻子从小体弱多病，到了冬天手脚异常冰凉，先生就每天用自己的双手为妻子按摩搓脚，再用自己的体温为她保温；当先生说出自己想吃的东西时，妻子一定会记得，并且在下班后买给他；看到妻子因为腰上长出了"游泳圈"而烦恼不已，他从来都没嫌弃过她的身材走了样，主动说要陪她一起锻炼身体；先生在单位遇到了不顺心的事就心情不好，但妻子从未抱怨过，等先生的情绪稳定下来之后，再询问到底是怎么回事，帮他分析，一起想解决的办法……

几十年来，无数个朝朝暮暮，他们都是这么平静地生活着。岁月在他们脸上毫不留情地留下了皱纹，然而他们的心却依然年轻，仿佛还是热恋中的少男少女。虽然没有一束束的玫瑰花，虽然没有一起吃过烛光晚餐，虽然没有在朋友面前秀过恩爱……但他们的爱却是最朴实、最真切、最贴心的，有一种"执子之手，与子偕老"的安详。

其实，无论是怎样感人的爱情，激情过后终究要归于平淡，爱情终将以朴实却又温馨的生活作为延续，这是生活的常态。心无法总是在虚无的浪漫中飘荡，只有柴米油盐才能让心尘埃落定……只要用心体会，幸福时刻就围绕在我们身边。细水长流的爱情，像春风拂过，轻轻柔柔，一派和煦，让人沉醉入迷。

是的，我们不能拥有琼瑶小说里惊天动地的爱情，没有徐志摩林徽因惊鸿一瞥的爱情，但我们可以有平凡的生活，凡俗的爱情。在柴米油盐中精心呵护爱情，弹奏一曲属于自己的幸福乐章，就如一首歌中所唱："柴米油盐酱醋茶，一点一滴都是幸福在发芽……"是的，幸福在发芽、成长，直至开花、结果。

你可以精致

精致不仅仅是华贵，更是心的巧妙。

如果用一个词语来形容一下目前的生活状态，你会想到什么词语呢？忙碌，悠闲？充实，无聊？紧张，平淡……相信很多人不会用到"精致"这个词语。什么是精致？精致是情致、情趣、美好、优雅的意思，强调的是一种生活质量。

每个人的生活都不一样，犹如瓷器，有的裹着华丽的外衣，有的素雅而毫不起眼。选瓷器就如同过日子，挑挑拣拣的，把最喜欢的带回了家，可还得小心翼翼呵护着。瓷器很精致，我们的生活也要像呵护瓷器般精致。

生活可以简陋，但却不可以粗糙。

甲来自一个小乡村，他的家是常人无法想象的困窘，但是他那瘦削美丽的母亲经常说的一句话是：生活可以简陋但却不可以粗糙。她给儿子做白衬衫白边儿鞋，让穿着粗布衣服的甲在艰苦中明白什么是整洁与有序，并且学会了这一习性。他相貌干净，衣服整洁，洗得发白的床单总是铺得整整齐齐。

乙是甲的一位朋友，是富裕家庭里的"宝贝"，他的衣服装满了衣柜，可是没有一件平整干净。他总是把衣服随随便便地一扔，想穿了就皱皱巴巴地套上，他的床上，横看竖看都是乱。他头发总是在早晨起来变得"张牙舞爪"，怎么梳都不顺。他最习惯说的一句话是："一切都乱了套，这日子没法过了。"

乙总也弄不明白，甲怎么每一天的日子都过得有滋有味？

甲虽然家境困窘，生活平凡，但他的整洁与有序使他的生活变得美好起来。生活虽然有时很简陋，我们只是毫不起眼的凡人，但是只要我们有心，就一定可以寻找到安抚自己的精致，让平常的生活开出精致的花。

精致，是对美最好的注解，能使平凡生活不再平凡。精致，是一种博雅的情怀和品味，是靠环境的熏陶，严格的家教，学问的培养等养成的，是无形的，内在的，自然的，很难用语言描绘和界定，不过它却可以孕育于中而行于外。

精致首先是一种自爱，无论在何种场合，你的着装、打扮都必须讲究整洁，给他人以美的享受。法国巴黎著名的形象设计师萨克拉斯说："我们看到一个人，最初的印象从他的体貌服饰上获得，而对人物内在的素质美，要用时间来检验。"由此可见，形象是每个人向世界展示自我的窗口，精心打扮自己，每天以美好的形象出现吧。

精致，更多体现在细节方面。试想，你走进一间房屋，看到地板被擦拭得一尘不染，明镜的玻璃从床边一直延伸到了门口，墙壁上挂着一串淡紫色的鲜花，桌上还有序地摆放着各种精美的小饰品……这一切景象是不是会流露出一种恰到好处的美丽，令人心旷神怡？这正是精致的魅力所在。

日本人认为生活不能是粗糙的，他们随时随处对细节高度重视。一块纸尿布，未用时平常无奇，一旦尿湿，彩虹图案赫然出现，提示父母该替宝宝换纸尿裤了；一只杯子，握在手掌里，手弯曲成什么样的弧度才最舒适；一双筷子，包装纸上印什么字、用什么字体方能凸显食物的气质；一处房子用多少盏灯、挂在哪里是最恰当的……这种平实外表下精致的细节理念，打造出了相对高质量的生活，值得我们思考。

精致是一种慢节奏的慵懒，匆忙之人享受不了精致。这里的"慵懒"一词并不表示自由散漫，而是不被生活威逼去过快节奏的生活，这是一种闲适无忧的生活状态。用很长的时间画一个完美的妆，或者给自己或爱人慢慢熬制一份汤；在阳光下细品着下午茶，说着无关紧要的闲话；偶然的空闲，窝成猫儿的形状，躺在沙发或者床上偷得浮生半日闲……极致的慵懒，就是一种惬意，一种精致。

打造精致生活，从点滴做起。就是这么一点改变，你的生活就会不同。但建立和保持一种精致的生活却是不易的，这需要不断改进自己的生活习惯，提高自己的觉悟和鉴赏能力，同时不断丰富内心生活，提升自己对生活的理解和品味。

也许，有时候你的生活已经不能精致，但是只要你保持一颗精致的心，拥有爱生活的心情，创造美好，拥有美好，维护美好，那么即便再荒凉的生活中，仍然能留存许多暖意，温暖自己，也温暖他人。

小镇上有一个摆地摊的女人，男人在工地上做杂工，一喝酒就爱打她，她还有一个瘫痪在床的婆婆。照理说这样的女人应该是很落魄的，可她活得从容而优雅。女人头发很长却总是梳理得纹丝不乱，一袭紫色长裙虽然只是廉价的衣料，却显得款款有致。她优雅地守着地摊，温文婉约，笑意姗姗。这样的明亮让人没有办法拒绝，人们有事没事都爱到她的摊子前去转转，临了买一件两件小商品带走。

几年后，女人用积蓄居然买下了一辆汽车。她把男人送去考了驾照，做了出租车司机。她则随车子来回跑，热情地招徕顾客。湖蓝色的坐垫，淡紫色的窗帘，车和她的人一样优雅，自然吸引了不少坐车的顾客。日子渐渐红火起来，不料丈夫意外出了车祸，搭上一辆车，还欠了几十万的债务，她的腿也受了重伤，住了院。

人们都以为，她这下子是爬不起来的了。可是半年后，她又在街头摆上了地摊儿，她照例盘发，穿旗袍，腿部虽落下小残疾但也不妨碍脸上的笑容，她的丈夫此时对她好了许多，经常过来帮她打点生意。过了两年，女人又攒够了一笔钱买了两辆车，一辆自己跑出租，一辆让丈夫跑长途，小日子过得红红火火。

这个穿旗袍的女人每日为了生计而奔波劳累，但是她不抱怨、不咒骂简陋的生活，也没有磨灭内心对美的渴望，好像自己是最优雅的女子一般，她的生活快乐而平和，这正是一种精致的存在。

原来，生活每天都可以精致，再平凡的生活也能精致。

第二章

流动心海，笑纳生活百味

天空高远，无边无际，大海浩瀚，满眼绿波。脚踩海沙，澎湃难当，不禁欢呼、呐喊。狂欢之后，大海是否给你以心的启迪？

美玉有瑕

有瑕的玉才是真的。

生活总有不完美之处，总有不如意之事。古今文人墨客们用自己的一腔愁绪，满心无奈将人生的缺憾化诸笔端。苏东坡低诉："人有悲欢离合，月有阴晴圆缺，此事古难全。"南宋方岳前低吟："不如意事常八九，可与人言无二三。"

因为不想存留缺憾，许多人凡事追求尽善尽美，而生活中的失落、痛苦和不幸正源于此。不可否认，追求完美本身无可厚非，这是一种浪漫的憧憬与希望，但是凡事都要适度，过于执著而耿耿于怀或不肯变通，眼中看到的多是不完美，那么就会一次次与机遇擦肩而过，与成功遥遥相望，最终落得两手空空。

我们来看一个小故事。

有位渔夫非常幸运地从海里捞到一颗晶莹剔透的大珍珠，他爱不释手，但美中不足的是珍珠上面有一个小小的黑点。渔夫想，如果能够把小黑点去掉，珍珠将完美无瑕，变成无价之宝。于是，他刮去了珍珠一部分表层，但斑点还在；他又狠心刮去一层，斑点依旧存在。于是他不断地刮下去。最后，黑点没有了，而珍珠也不复存在了。此人无比懊悔地说，"我若不去计较那个小黑点，现在手里还攥着一粒硕大而美丽的珍珠啊！"

这个渔夫是无知可悲的，他想把珍珠上的小黑点去掉，得到一颗完美无瑕的珍珠，但在他消除了所谓的瑕疵时，珍珠不复存在了，美消失在他追求完美的过程中了。殊不知，有黑点的珍珠只是白璧微瑕，而且正是其不着痕迹、浑然天成的可贵之处。这种美，美得朴实，美得自然，美得真切。

玉，有瑕疵才是真的。我们可以尽最大的努力接近完美，但永远不可能达到完美。这种判断，在我们头脑中必须牢固确立。凡事切勿苛求，重在勤恳务实，你会发现自己更有信心，而且更有能力和创造力，如此也就很少感到失意。或者也可以这样说，学会接受不完美，则凡事都会完美。

一位得道的高僧，由于年老体衰将不久于人世，他意图从徒弟们中间找一个接班人，于是他对徒弟们说，"你们出去给我捡一片最完美的树叶，谁找到了谁就是我的传人。"到底什么树叶才是完美的呢？徒弟们领命而去，各自奔走。

这时候，一个弟子心想：每一片树叶各自不同，哪有最完美的树叶，于是他便在附近树林里随便捡了一片完整无损并且很干净的树叶带了回去。到天黑了，其他徒弟都累得气喘吁吁，也没能找到那片"最完美的树叶"，最终都空手而归。

最后，高僧把衣钵传给了那个捡回树叶的弟子，他告诉众人，"世界上哪有完美的叶子，世界上也没有绝对的完美，如果那么完美，哪还有喜怒哀乐，生态万千？接受不完美，才算真正领悟到了人间真谛啊！"

世上没有十全十美的事，万事都不是绝对圆满的。又何苦执迷于那不可求的圆满呢？放弃完美的追求，不必刻意去做任何事情，踏踏实实地尽己所能，就可以问心无愧了，就可以享受到鲜花和掌声！由此可见，接受不完美，是生存的智慧，是成功的技巧。

世界顶尖高尔夫球手博比·琼斯是唯一一个赢得高尔夫"年度大满贯"（包括美国公开赛、美国业余赛、英国公开赛及英国业余赛）的人，他被称为是美国高尔夫史上最优秀的业余选手。在高尔夫球员生涯的早期，博比·琼斯总是力求每一次挥杆完美无缺。当他做不到时，他就会打断球杆、破口大骂，甚至愤慨地离开球场，这种脾气使得很多球员不愿意和他一起打球，而他的球技也没有得到多少提高。

通过这些教训，博比·琼斯渐渐了解到这样一个事实：一旦打坏了一杆这一杆就算完了，但是你必须尽力去打好下一杆，而不该耿耿于怀。静下心来，调适心态后，你才能真正开始赢球。对此，他这样解释说："我终于明白了，要对每一杆有合理的期望，力求表现良好、稳定才能取胜，而不是寄望非常完美地挥杆来成就。"

通过博比·琼斯的成功事例，我们可以得出一个结论。完美主义者的思维轨道是：太高的目标→极易失败→心灰意冷→更高的目标→再次失败→自信再遭打击→更完美的要求。相反，接受不完美的思路及其实际效果是：较低较容易的目标→成功或完成→自信→更高的目标→更自信。

从某种意义上说，人们不正是因为不完美才有了追求和奋斗的目标吗？做人最大的乐趣是通过奋斗达到想要的目的，有句广告词颇有哲理，"人生没有最好，只有更好"。倘若一个人件件事情都完美，从某种意义上说是极其可怜的，因为他无法体会有所追求的幸福感受，这个人还有什么意思呢？

"我走过阳关大道，也走过独木小桥。路旁有深山大泽，也有平坡宜人；有杏花春雨，也有塞北秋风；有山重水复，也有柳暗花明；有迷途知返，也有绝处逢生。"这是季羡林多彩的人生，之所以多彩，是因为它的不完满。所以，季老在《不完满才是人生》中写道："每个人都争取一个完满的人生。然而，自古至今，海内海外，一个百分之百完满的人生是没有的。所以我说，不完满才是人生。"

事情不完美不是残缺，它是另一个方向上的成就，是另一种意义的收获。就如同一个残缺的木桶，虽然每次担水回家之后你都无法获得一整桶的水，但是一天、一月、一年，从残缺的木桶中滴落的泉水浇灌了路旁的花籽，也许某一天，你会收获路旁各色的小花，淡淡的花香，意外的美丽。

残缺的"维纳斯"

残缺也是一种完美。

缺少一部分，不完整，便是残缺。

说到"残缺"，最典型的当属维纳斯雕像！她失去了玉臂，却收获了惊世之美，残缺使她具备"全数贞静羞涩的美和娴静动人的魔力"，成为美的代名词，也激发了不知多少人心中的维纳斯，可见残缺使艺术因遗憾而完美。

如果一个人身体残缺，这无法说是一种完美，但你要坚信：身体的残缺并不代表能力的残缺。身体残缺这个事实不能改变，但人生还要继续，只要勇敢面对，自强不息，就能改变自己的命运，就能拥有生命的芬芳。

有这样一个哲理故事。

一个小女孩自幼双目失明，小女孩常常悲观地认为自己是一个可怜的残疾人，每天都郁郁寡欢。一天，她问妈妈，"听说每个人都是上帝眼中可爱的苹果，可是上帝让我残疾，我不是上帝的苹果吗?"

妈妈说："不，孩子，你这个苹果太可爱了，所以上帝忍不住多咬了一口。"

听了妈妈的话，小女孩犹如醍醐灌顶，心情顿觉开朗起来。从此，她不再自卑于失明，而是将这看作上帝对自己的特别厚爱。她开始振作了起来，接受命运的挑战。经过一番辛苦的努力，她成了远近闻名的盲人钢琴师。

"你这个苹果太可爱了，所以上帝忍不住多咬了一口"，把人生缺陷看成"被上帝咬过一口的苹果"，这样的比喻是何等的奇特，又是怎样的豁达乐观。尽管这有点自我安慰的阿Q精神，可是，人生不如意事十之七八，这个世界上谁不需要找点理由自我安慰呢？更何况，这个理由是这样的善解人意，幽默可爱。

残缺并不可怕，可怕的是残缺后失去对生活的希望，从而成为一个一无是处的人。不过，不管在哪里，我们总能发现一些人。他们虽然身体上存在残缺，但是他们拥有超乎我们想象的毅力，能够克服自己的残缺，跟命运作顽强斗争，用行动来填补残缺。正是这种毅力，让他们创造出令世界都为之震撼的奇迹。

英国人艾莉森·拉佩尔天生残疾，从出生之日起她就没有双臂，双腿也特别短小，看上去太可怕了，这是一种名为"海豹肢症"的先天残疾。出生后几周内，拉佩尔被母亲送到"残疾人之家"，一两岁的时候她开始意识到，自己已经被父母抛弃。但拉佩尔没有丧失对自己的信心，丧失对生活的向往，相反这更加激起了她对生命、对美好的渴望。

拉佩尔3岁时就开始学着用自己并不正常的脚摆弄画笔工具，到16岁时，她用脚创作的绘画作品已经能够在当地的绘画竞赛中获奖。17岁时，拉佩尔在一家残疾人评估中心接受各种生活及职业训练，比如骑马、学习艺术，以提高在社会中的适应能力。19岁时，拉佩尔已经有能力独立生活了。之后，拉佩尔进入布赖顿大学艺术学院学习，她开始了一项新工程：以自己的身体为原型进行艺术创作。通过摄影、绘画，拉佩尔用不同方式展现自己并不完整的身体。

凭借超凡的努力，拉佩尔成为了一名著名画家和摄影家，改变了自己的命运。用她的话说，她的目的就是让整个社会了解："残疾就一定与美丽无缘么？它不可以让人们产生除了'厌恶'、'怜悯'、'同情'之外的感受么？我正在向世界展示：答案是否定的。美存在于一切事物之中。"伦敦市长肯·利文斯顿则这样形容拉佩尔："艾莉森展示给我们的是与命运的抗争。这是一件关于勇气、美丽和抗争的作品，艾莉森是现代社会的女英雄，坚强、可敬，给人带来希望。"

艾莉森·拉佩尔没有双臂，双腿也特别短小，她的身体是残缺的，但是她没有因此沮丧，而是平静地接受了自己的残缺，并且对生活充满了热情，最终她成为了一名著名画家和摄影家，改变了自己的命运。她用残缺向世人展示了不残缺的梦想，这是一曲用残缺震撼灵魂的赞歌，将永远回荡在人们心中。

是啊！残缺因认真对待而绽放出生命最深层的潜力，残缺演绎了多么感人的篇章，残缺创造了多少伟大的人间奇迹。失明的文学家弥尔顿，失聪的大音乐家贝多芬，饱受病痛折磨的天才小提琴演奏家帕格尼尼……如果用"上帝咬过的苹果"的理论来推理，他们也都是由于上帝特别喜爱，被狠狠地咬了一口的缘故。

所以，面对身体的残缺，我们不必为此痛哭流涕，怨天尤人，更不能自暴自弃，失去生活的信念。最好的办法就是坦然接受，并且自励自慰：我是被上帝咬过的苹果，只不过上帝特别喜欢我，所以咬的这一口更大罢了。

心有多大，舞台就有多大。只要拥有信念和一颗上进的心，即使身体残缺也有权利享受行云流水的生活，并开拓出属于自己的人生舞台。在那时，人们将看见另外一种美，一种乐观而坚强的美。

完美的"π"值

完美是一种精神，而不是目的。

在生活中，你为什么过得不安心，甚至活得痛苦？不妨先检讨一下，你是否存在这样的想法："我的个子为什么不够高？""我的鼻子不够挺拔，眼睛也小了一点。"……这种觉得自己这也不行那也不好的自卑想法，往往会将人推向"完美主义"的自虐，或暴躁地烦恼，或压抑地消沉。

为什么会出现这样的后果？这是因为你忽视了一个最基本的现实，那就是"金无足赤，人无完人"。大千世界找不到一个完美无瑕的人，每个人身上都有缺点或是不足，我们永远不可能成为一个完美的人，苛求自己完美的愿望永远不会实现。追逐不会实现的愿望，结果只会是失望。

一个未婚的男人来到一家婚姻介绍所，进了大门后，迎面又见两扇小门，一扇写着美丽的，另一扇写着不太美丽的。男人推开"美丽的"门，迎面又是两扇门，一扇写着年轻的，另一扇写着不太年轻的。男人推开"年轻的"门，迎面又见到两扇门，一扇写着善良的，另一扇写着不太善良的，他推开"善良的"门，这样一路走下去，男人又先后推开了七道门：温柔的、有钱的、忠诚的、勤劳的、好身材的、有文化的、幽默的。当他来到最后一道门时，门上写着一行字：您追求得过于完美了，到天上去找吧。

读了这个故事后，不要以为它只是讲婚姻，其实它更是说明了一个道理：真正十全十美的人是找不到的，无论是他人，还是自己！

还有一则权威性的材料，看后你也许会更加豁然开朗，心如洞明。

欧洲曾在瑞士举办了一次"最完美的女性"研讨会，与会者们一致认为：最完美的女性应该有：意大利人的头发，埃及人的眼睛，希腊人的鼻子，美国人的牙齿，泰国人的颈项，澳大利亚人的胸脯，瑞士人的手，中国人的脚，奥地利人的声音，日本人的笑容，英国人的皮肤，法国人的曲线，西班牙人的步态……所有这些还是不够的，完美女性还应有德国女人的管家本领，美国女人的时髦装束，法国女人精湛的厨艺，中国女人醉心的温柔……然而，即使上帝重新造人，也不可能集这些优点于一人身上的，因此与会者达成的共同的结论是：真正完美的女人根本不存在。当然，男人也是一样。

为什么不喜欢自己？为什么讨厌自己？缺陷和不足人人都有，作为独立的个人，正是不完美使你区别于他人，使你显得不平庸。你就是你，你是独一无二的，你同样是上天创造的杰作，世界也因你的不完美而多了一点色彩。我们要像树叶一样，既然生长出来了，每天还是要和阳光打交道的，这样自己的生命才能有色彩。

不要求自己成为一个完美的人，而要努力爱上那个不完美的自己。爱不完美的自己，就是用自己特有的形象装点这个丰富多彩的世界。不知道你有没有发现，很多有魅力的人，也并不是很好看，也根本称不上完美，但是他们身上都有一种很引人注目的东西，那就是自信的气息。

丑女贝蒂被人公认为世界上最丑的女人，满嘴牙箍，身材肥胖，打扮土气。在刚进入一家时尚杂志公司时，所有人都躲避她，所有人都嘲笑她，就连上司也讨厌她，每一次讨论工作总是命令她离自己一丈开外，但是她并没有因此自卑，而是每天都带着最灿烂的微笑，每天都满腔热情、快乐自信地工作着。

贝蒂告诉自己的同事："我是丑女，我没有精致完美的长相，没有又翘又浑圆的臀部，命运给了你无法改变的瑕疵，与其对其耿耿于怀，不如坦然接受，我觉得女人必须对自己感到满意，尤其是不完美的自己。"尽管不时受到同事的嘲弄和陷害，但贝蒂那坚强的性格和聪明的才智使她常常化险为夷，最终她不仅赢得了所有同事的喜爱，也成了上司以及千万男人的梦中情人。

由此可见，一个人身上有没有缺陷和不足并不重要，重要的是自己敢于接受并正确面对这个事实。学着接受自己的缺陷和不足，心平气和地接受自己。容许自己不完美，你就会更满意自己，更爱自己。爱自己的人更自信，更有力量和勇气，追求更有意义的东西，无疑这是一个良性循环。

难道那些伟人果真那么十全十美、无可挑剔吗？绝非如此。任何人总有其优点和缺点两个方面，不完美伴随我们每一个人从生到死。有些人之所以表现得优秀，在于他们看到了自己的缺点，实事求是地对待自己的缺点，并且拿出勇气，去革新和突破自己，努力将劣势转变为优势。

京剧大师梅兰芳少年时期被别人认为资质太差，天生不是唱戏的料子。的确是这样，戏剧最能传神的就是眼睛，但梅兰芳偏偏是个近视眼，两目无神；好的戏曲演员要有"余音绕梁，三日不绝"的好嗓子，但梅兰芳的嗓子不响亮。更糟的是，他脑子反应慢，记东西慢，学东西慢，这更是学戏的障碍。

不过，梅兰芳并没有放弃戏剧，他决定——克服这些缺陷。为此，他天天练眼神，这个方法是几个小时目不转睛地盯着一个物体，练得时间久了就泪流不止，非常难受；为了练嗓子，梅兰芳每天早上六点钟就起来吊嗓子；至于脑子反应迟钝，只有反复练、反复唱，梅兰芳给自己规定每一句非要练上30遍不可。

梅兰芳坚持不懈，一练就是十多年，终于弥补了先天的缺陷。他的眼神、台步、指法，一举一动，不仅姿势美观，而且与剧中人物的思想感情，浑圆周密，融于一体；他的唱腔，悦耳动听，清丽舒畅；许多唱念做打的繁难功夫，一经他来演绎就显得那么驾轻就熟，得心应手，一代京剧大师就这样诞生。

看到了吧，缺点并不可怕，缺点越多越代表我们有更多需要完善的地方，欣赏自己的不完美，并将它转化成动力，不断完善自我，这才是最重要的。想来，正是缺点成就了梅兰芳的伟业，是先天的不足让他更加努力，如果没有这种刺激，他还能以超乎寻常的毅力改造自己吗？也许会，但效果或许有限。

奥黛丽·赫本，这位好莱坞的著名电影明星，她的身材并不完美，平胸，清瘦，手足细长，但是，她散发出来的气质让人觉得她就是一个完美女人。这是因为，奥黛丽本人对于自己的外表没有太多苛刻，她说："每个人都有缺点和优点，将优点发扬光大，其余的就不必理会。"这一观点值得我们每一个人借鉴。

　　所以，不完美的一面也是生命的一部分，我们真没必要因为自己比别人个子矮而自卑，也没必要为自己身材不够美而气愤不已。正视自己的缺点，改变能改变的，完善能完善的，接受不能改变的，如此我们才不会被缺点拖累，而且能使自己越来越接近完美，进而获得安然自得的生活姿态。

美哦，紫罗兰

路边的紫罗兰，有你想不到的美。

路旁，一朵小小的紫罗兰花开了。

有人从路上跑过去时，脚踩了紫罗兰。

"你疼吗？"树上的小鸟问。

"虽然很疼，也要忍耐一下，人们不是故意踩我的呀！"紫罗兰这样说着，静静地挺直了身躯，然后把身子一晃，好闻的香气浓郁地弥漫开来。

当一只脚踩到了一朵盛开的紫罗兰时，紫罗兰非但不会埋怨，还将一缕幽香留在那只伤害了它的脚上，将芳香撒满人间。踏花的人无情，紫罗兰却有情，以恩抱怨。这是一种什么品质？这种品质就叫宽容。

因为生存的空间不同、成长的环境不同，也由于后天各类因素的影响，每个人都有不同程度的弱点与缺失，在人际交往中难免产生摩擦、矛盾等。此时，我们应该学会忍耐，学会宽容，这是对别人的释怀，也是对自己的善待。

春秋时楚国内乱，平息后，楚庄王以香酒佳肴宴请文臣武将，并让后宫妃嫔出来敬酒，给大家助兴，最受宠幸的许姬也在其中。酒到半酣刮起大风，吹灭了所有烛火，大厅里一片漆黑。黑暗中，不知是谁仗着酒兴想轻薄许姬，在拉扯的过程中，许姬扯下了那个人官帽上的缨带，跟楚庄王说："大王，刚才有人趁乱想非礼臣妾，不过我拔下来了那个人的帽缨，待重新点亮蜡烛就能查出此人。"

许姬原以为楚庄王会为自己做主，没想到楚庄王却对大家说："寡人今日设宴，大家都要开怀畅饮，不醉不归。为了让大家不要顾念君臣之礼，请诸位把帽缨摘掉，尽情地畅饮。"待到烛光重新点燃，朝堂上坐着的全是没有帽缨的人。许姬环视了一下，看不出来谁是刚刚调戏自己的那个人，便拂袖离去了。

三年后，晋国侵犯楚国，两国开战，楚庄王亲自带兵与敌人交战。楚庄王发现，在自己的军中有一员猛将，他不仅在战场上奋勇杀敌，而且还带动了其他将士的作战情绪，使得自己的军队能够一次又一次的获胜。有一次，楚庄王深入险境，险遭杀身之祸，幸亏这位将领拼死护驾，才让他成功脱离险境。

凯旋的时候，楚庄王要对那位将军进行封赏。他问那位将士想要什么，可那位将士什么都不要，而是立刻跪倒在地说："大王已经赏赐过了，上次在黑暗中，酒后失德调戏许姬的正是末将。大王以宽广的胸怀，饶恕了我，不但没有治我的罪，反而想尽办法，保我周全，我只有奋勇杀敌才能报答大王。"

在这件事情中，将军调戏君王的爱妾无疑是对君王的侮辱，但楚庄王并没有生气，反而以宽容忍让的胸怀掩护了此人，结果换来了这位将军的奋勇杀敌、忠心耿耿。设想，如果楚庄王当初将那位将军斩首示众，又怎么会赢得他的以死相报呢，也许楚庄王就会战死在战场上，更别提做出一番霸业了。

学着对别人宽容一点吧，以博大的胸怀去宽容别人。宽容是一种无声的教育，正像紫罗兰一样默默给人留下启示，当它把香味留在你的脚下的那一刹那，又同时给人留下了崇高与豁达的印象，你还会因此获得化干戈为玉帛的魔力，从而能够从容不迫地游走人际，安然享受生活的乐趣。

雨果曾说："宽容就像清凉的甘露，浇灌了干枯的心灵；宽容就像暖和的壁炉，温热了冰凉麻痹的心；宽容就像不熄的火炬，点燃了冰山下将要熄灭的火种；宽容就像一只魔笛，把沉睡在黑暗中的人叫醒。"在这个世界上，没有什么能跳出宽容的胸怀，没有什么能抗衡博爱的温暖。

世界上最宽阔的是海洋，比海洋更宽阔的是天空，比天空更宽广的是胸怀。把自己的心胸打开，用温和宽容的气度去容纳他人……你，看到了吗？你心中的紫罗兰已经盛开了。它那灿烂的笑容是生命旋律上的一丝颤音，是出水芙蓉上的一滴清露，还是岁月书卷中的一页温馨！

生命留白

生命是一张白纸，留点空白，任自己涂鸦，无拘无束。

每个人都期望自己的人生充实圆满，不想留下一丝一毫的遗憾，渴望填满生命里的沟沟壑壑。因此，很多人习惯以"超人"自诩："我要办许多事，我能办很多事情"，大包大揽身边之事，事必躬亲、亲历亲为。

可是，没有人是三头六臂无所不能的，即使再优秀的人，精力和体力也是有限的。什么事情都想干，什么事情都想干好，让自己背负太多，往往身心疲惫而沉重，以致什么事都干不好，遗憾更多。满则溢，盈则亏，自然的法则，无人能够超越。

关于诸葛亮，大家都不陌生。在辅佐刘备的二十多年里，足智多谋、临危不惧的诸葛亮献智献计，鞠躬尽瘁，成为蜀国的一把手。特别是在刘备去世后更是如此，他将行政与军事大权集于一身，事事插手，件件操心，日理万机。

结果，诸葛亮虽有面面俱到之心，却无事事分身之术，曾经六出祁山伐魏都以失败告终。打了败仗，累垮了自己不说，最终"出师未捷身先死，长使英雄泪满襟"，只能带着遗憾离开人间，三国之中蜀汉最先灭亡。

"出师未捷身先死"，与诸葛亮苛求完美、事必躬亲不无关系。

在这里，不禁要问，你欣赏过南宋画家马远的《寒江独钓图》吗？画面上，除一舟、一翁，几笔淡墨之外，空空如也。然而，就是这片空白给人以无限遐想的空间，回味无穷的意境，那是一种无言的诉说江天辽阔、寒意袭人，诉说地老天荒、无奈悲凉……这就是国画的"留白"艺术。

而人生何尝不是一张更大的宣纸呢？别总把自己逼得太紧，给生命一些"留白"吧。因为除了精神和心灵领域，其余领域我们是无知的，即使说有知，我们也不可能把好事占尽，总得留出一大片领域让他人自由往来，各领风骚。再说明白一点就是，人要学会有所为有所不为。

有所为有所不为，从一定意义上说是一种遗憾，但并非不思进取，消极遁世，慵懒沮丧，驻足不前。从本质上讲，这要求我们权衡轻重、利害、得失，做出正确选择。"将军赶路，不追小兔"，将军奔赴战场，是为了参加一场重要战争，路上遇到一只小兔。为了得到小兔，结果丢掉一场战争，值不值？

人生要学会留白，圆满未必艺术。舍弃不重要或不宜做的事情，把自己最大的精力和智慧投入到最值得的地方上，如此成功便不再复杂，人生便不再纠结。有些人之所以活得幸福，活得安心，并不是因为他们足够完美，更多在于他们能够把握"有所为"和"有所不为"的界限，适当给生命"留白"。

国际著名的设计师安德鲁·伯利蒂奥就是因为放弃了"超人"的想法，学会了给生命"留白"的智慧，最终不仅取得了斐然的业绩，还过上了张弛有度、安然洒脱的日子。下面，让我们来看看他是如何做的。

安德鲁·伯利蒂奥曾经以为自己是个无所不能的"超人"，他除了每天进行设计和研究工作外，还负责公司制度制定、考勤等很多方面的事务，几乎公司的每一件工作他都要亲自参与。整天忙得晕头转向，作品的质量却常常不尽如人意，公司也没有取得令人骄傲的成绩，安德鲁对此很不解，便去请教一位教授。教授给他的答案是："你大可不必那样忙！关键在于分好工作内容的主次。"

听到这句话的一瞬间，安德鲁醒悟了。原来，一直以来他很大一部分时间都浪费在管理其他乱七八糟的事情上，而最重要的设计工作反而只能占用一小部分时间，由于时间紧凑，作品的质量自然就受到了很大影响。从此，安德鲁调整了时间分配，他洒脱地把那些无关紧要的细小工作交给助手去做，自己则把时间集中用在设计工作上。然后，把所有精力拿来思考如何实现与重要客户的交易，以及公司如何能够获得最大利益等。

当然，公司并没有因为安德鲁的"撒手不管"而乱成一团糟，或者颓废不前，相反，它焕发出了鲜明的活力，在设计界的地位越来越重要。而安德鲁过得逍遥自在，工作业绩斐然，他还写出了建筑界的"圣经"——《建筑学四书》。

学会有所为有所不为，通达和坚守一并而行，有取有舍，有进有退，这是一种成熟智慧的生活态度。在日常生活中，我们每天要做的事情的确很多。你不妨开列一张清单，将要做的事情设定明确的有限顺序，知道优先做什么，重要在哪里，而可做可不做的事情则可暂时放一边，或者交由他人处理。

水墨"留白"，可得磅礴之气；心灵"留白"，叫人聪颖豁达。那么给生命留白，就是充实生命。给生命留白，有所为有所不为，生命就有了缓冲的余地，有了可收可放的活动空间，就可以从容地调整进退，就会滋生出无穷无尽的留恋和回味，天开地阔，心高路远。如此一来，也就赢得了安然淡定的人生！

生活的真相

真相总是很残酷，但也可以很温情。

为什么自己出生在偏远地区，而不是城市里？为什么自己大学毕业的时候偏偏赶上国家不再分配工作？为什么自己拼命工作，而老板却把晋升的职位给了他的一个亲戚？为什么自己成家立业的时候房价较几年前翻了数倍？……

每一个人都期盼着公平，但是绝对的公平是不存在的。遭遇生活的不公平时，很多人无法适应，怨天尤人，整天活在忧郁之中，这或许能解一时之气，但我们也就等于被生活击垮了，更别提获得安然的生活方式了。

试想，如果你大学毕业后被分在基层工作，你一边愤愤不平，一边敷衍工作，那么你会有被升职的机会吗？恐怕不会，因为老板会认为你连最简单的事情都做不好，根本不会有责任和能力去做更高级的工作。

上天眷顾的人只是少数，而我们只是那大多数中的一部分。既然这样，我们何必对那些不公平的人或事耿耿于怀呢？正确的方法是温和宽容、平心静气，以忍灭嗔，不被不公平所牵绊，思考如何更好地适应生活的不公，创造公平。正如比尔·盖茨所说："生活是不公平的，你要去适应它。"

蔡琰来自一个贫穷农村，专科毕业后为了谋生他来到西安一家大型企业做保安。最初，这个小保安感到很沮丧，因为在很多人心中保安是和"素质低下"、"没有文化"这些词关系密切的。曾有同学想给他介绍对象，女方"啊"地叫了一声，"什么？一个保安？"连要求外来人员出示证件这种例行的工作，他也会碰钉子，"哎呀，你不就是个保安吗，还查什么证件呀！"

这些经历让蔡琰感觉自己不被尊重，他一度很不服气："命运为什么这么不公平？凭什么那些白领们在干净优雅的办公室里办公，而我却要站在风里雨里站岗？"不过，他很快调整了自己的心态，决定努力缩小与这些人的差距，之后他利用所有的闲暇时间来充实自己，他利用休息时间攻读英语、经济管理、社会心理等课程。由于什么都是从头学起，蔡琰学得很拼命，就算是坐火车回老家时他也拿着书在看。有时，看到周围的队友业余时间在看电视、打篮球，他也心里痒痒的，但一想起别人说的"你不就是个保安吗"，他就会咬牙学下去。

就这样，"潜伏"了近三年，蔡琰通过成人高考考上了西安师范学院的经管系，他一边工作，一边学习。通过几年的认真学习和实践锻炼，他的个人能力得到了提高，并以全班第一的优秀成绩毕业。一毕业，他就被一家大型企业录用了，月薪比保安工作翻了好几倍，他已经是一名真正的白领了。

出身贫困，没有学历、没有关系，蔡琰面临了太多的不公平，但是他凭着勤奋与坚持，取得了成功。这个事例告诉我们一个道理：不要在公与不公上过多计较，放弃抱怨和愤怒，接受不公平的现实，及时做一些更有价值的事情，把力用在发展能量、提高自己上面，那么早晚有一天生活会给我们公平的回报。

面对生活的不公平，每个人因了自己的修养、意志、胸怀、境界的不同，会有很不同的态度，会做出不同的反应。正是这种不同，造就了一个人和另一个人，一些人和另一些人的不同人生。换句话讲，一个人成功与否，主要取决的不是他如何面对公平，而是他在不公平环境中有怎样的表现。

有这样一种人——他们早已知道，生活中没有绝对的公平。当不公平出现的时候，他们不会愤怒，不会抱怨，也不会惊慌失措，而是把它当做人生必修之课去应对，必做之题去演算。无论生活是公平的还是不公平的，他们都能够温和宽容地对待，以忍灭嗔，坚持自己给自己公平。

在这方面，文艺复兴时期英国最杰出的戏剧家和诗人莎士比亚是一个经典的楷模！

莎士比亚在很小的时候有机会接触到了剧团演出，他好奇一个小小的舞台竟能演出一幕幕变幻无穷的戏剧来，便暗下决心：要终身从事戏剧事业，当个戏剧家。但是，当时英国的戏剧工作是一个高级的职业，活跃着一批受过高等教育，而且在戏剧方面有些成绩的"大学佳人"、职业剧作家，他们垄断了剧坛，根本不许普通人插足。

为了更加接近戏剧事业，莎士比亚主动到戏院做马夫，专门等候在戏院门口伺候看戏的绅士。待表演开始后，他就从门缝或小洞里窥看戏台上的演出，边看边细心琢磨剧情和角色。回到家后，他时常模仿台上人物和戏剧情节，有声有色地演戏，他还发愤地翻看文学、历史等方面的书籍，自修希腊文和拉丁文，掌握了许多戏剧知识。

终于，莎士比亚等到了一个上台表演的机会。有一次，剧团需要临时演员，莎士比亚"近水楼台先得月"。由于出色的理解力和精湛的演技，他的表演得到了大家的肯定，不久就被剧团吸收为正式演员。之后，莎士比亚大量阅读各种书籍，了解了各国的历史和人民不幸的命运。27 岁那年，他写了历史剧《亨利六世》三部曲，正式进入了伦敦戏剧界。1595 年，他又写出了《罗密欧与朱丽叶》，剧本上演后，莎士比亚名震伦敦，成为英国戏剧界大师级人物。

面对周围不尽如人意的环境，莎士比亚并没有整天抱怨人生的不公平，而是从戏剧界最底层的马夫坐起，努力学习戏剧知识，最终将现实中令人不满意的成分降低到了最低限度，成为了一名闻名海外的戏剧家。

唯有适应当下的环境，才有机会去改变自己的处境。

普希金有一首短诗《假如生活欺骗了你》："假如生活欺骗了你，不要忧郁，不要愤慨；不公平时，暂且忍耐。相信吧，快乐的日子将会到来。"不要奢望自己成为上帝的宠儿，假如生活欺骗了你，给了你诸多不公平的待遇，那么请接受普希金的忠告吧，"不公平时，暂且忍耐。"

第三章

风雨行程，快乐是最深的领悟

在奔波忙碌的成人世界里，快乐似乎越来越远。其实不然，只要你心中埋下快乐的种子，你就可以让快乐开花，愉悦自己，芳香他人。

最甜的棉花糖

你的味蕾，你的棉花糖。

人生说穿了只有几个字：生老病死是状态，喜怒哀乐是情绪，衣食住行是消费。人活着，体会的是一种感觉，品尝的是一种滋味。我们每个人都向往着快乐，那么什么是快乐呢？快乐是个虚无缥缈的名词吗？

不是的，快乐存在于小事当中。快乐不是长生不老，不是大鱼大肉，不是权倾朝野，而是小事的堆积。生活中的一句话，一件小事，一个眼神，一句鼓励，一句安慰都是一种快乐的暗示，不过只有善于发现和体味的人才能感觉到。道理很简单，快乐不在于拥有多少，而是一种感受、一种心境。

玛雅虽然相貌不出众，才能不拔尖，是一个各方面都普普通通的女人，但是她却是自己圈子里最有魅力的。不为别的，在生活中她总是微笑着，看起来活得很快乐，甚至经常会一个人莫名地笑起来。

"玛雅你笑什么呀？"同事问。

玛雅用手一指办公室的窗外，"你看那个树上挂着一个鸟窝，鸟窝上粘了几片叶子，还有那个树枝，哈哈。"

同事们瞧了瞧，不以为然，玛雅就用手机拍下来，给大家看。果然照片上显示出一个笑脸"^_^"，那是由鸟窝、树叶和树枝组成的。这么别致的笑脸，每天挂在办公室窗外的树上，发现它的只有玛雅一个人，她就比其他人快乐得多。

有人会羡慕地说，你看谁谁多快乐，真让人羡慕。是他们真的幸运吗？事实上，他们或许有着更多的烦恼，只是他们善于从生活中一件微不足道的小事中发现快乐、咀嚼快乐，并品尝这些小小的快乐带给自己的满足。这就像棉花糖，一絮絮、一丝丝，慢慢品尝，就会有甜味，甜到心里。

遗憾的是，平时有些人忙于工作、应付压力，缺少了发现的心情，致使生活失去了乐趣，平凡的生活变得平淡寡味。正如澳大利亚作家安德鲁·马修斯所说："每个人都希望自己是快乐的。可我们都太忙了，都把快乐这事给忘了。"

有一个小和尚过得很不快乐，于是他向禅师请教快乐之道。

禅师讲了庄周梦蝶的故事：有一天黄昏，庄周一个人来到城外的草地上，他仰天躺在草地上，闻着青草和泥土的芳香，尽情地享受着，不知不觉睡着了。他做了个梦，在梦中他变成了一只蝴蝶，在花丛中快乐地飞舞。上有蓝天白云，下有金色土地，还有和煦的春风吹拂着柳絮，花儿争奇斗艳——他沉浸在这美妙的梦境中，完全忘了自己。突然间庄周醒了过来，虽然刚刚只是一个梦，不过庄周觉得快乐极了。"

故事讲完后，禅师对小和尚说："一只小小的蝴蝶在梦里飞入了庄周的心，也能让他变得快乐起来，那么生活中还有什么事能让他担忧呢？快乐无处不在，许多点滴都值得我们细细品味，咀嚼。"

小和尚听完禅师的话后，终于明白了快乐的道理。

　　我们常常被不快乐迷惑，忽略也遗忘了快乐的时候。庄周在梦中化为蝴蝶，从喧嚣的人生走向逍遥之境，看到自己"飞舞"的模样，惊觉自己的快乐，这是庄周的大幸。这正如禅师所说"快乐存在于平淡的生活之中，快乐无处不在，许许多多点点滴滴都值得我们细细去品味，去咀嚼。"

　　如果想做个永远快乐的人，就要学着细心一点，用心一点，在平凡生活中寻找快乐，感受那些小小的快乐，为一个小小的祝福而心存感激；为一份小小的友情真诚地感动；为一个小小的礼物欢呼不已；为一个小小的关心充满怀念……也就是这些小小的快乐，让我们的生活变得多彩，生命变得更可亲，更让人眷恋。

　　英国一家名叫"三桶白兰地"的机构，发起了一项针对 3000 名英国人的小调查。调查中，研究人员列出了 50 个不同的选项，让这 3000 名受访者勾选。其中，"在旧牛仔裤的口袋里发现 10 英镑"成为了最让英国人感到快乐的一件事。10 英镑就可以换来快乐，这样让人感到幸福的小事其实还有很多很多。

　　不管富贵与贫穷，我们都需要懂得寻找人生的快乐。一点点积攒身边每件小事带来的快乐感，你会发现，忧愁和压抑感会自然从内心深处消失，你已经体味到了快乐的滋味，你也可以主动去寻找这种快乐的感觉，让自己平凡的生活发生奇妙的变化，让平凡的日子处处飘满快乐的花香。

　　列出能让你切实感觉到幸福的小事吧：

　　泡个热乎乎的澡

大冬天在被窝里看电影

烧拿手好菜给心爱的人吃

父母脸上的笑容

朋友们愉快的聚会

一个人旅行看到的美景

收拾得干干净净的书桌

享受清晨的微风

看一本好书

听一首小夜曲

独酌一杯小酒

......

攀比

生活之累，一半来源于攀比。

你买了一枚金戒指，我就要买一条金项链；你买 100 平方米的房子，我就要买 150 平方米的房子；你签了一份大订单，我就要拿下一张更大的单子；你升职为部门经理，我就要当级别更高的 CEO……留心一下，生活中这种"比阔"的现象随处可见。这样的事儿，你有没有做过？

从原始的意义上看，喜欢"比阔"，喜欢攀比未尝不是出于一种竞胜之心，可以激励一个人努力追求自己尚未达成的目标。但攀比之"陋"在于人们所比的总是那些最看得见、摸得着的东西，疏离精神价值，必然烦恼丛生。正如哲学家所说："生活之累，一半来源于生存，一半来源于攀比。"

玛丽是一位都市白领，婚后一直和丈夫租房住。后来一位朋友买了新房，玛丽眼红心动，和丈夫吵着闹着要买房。由于资金有限，两人精挑细选后在郊区定了一套二居室的房子。住自己的家自然舒适又方便，玛丽心中乐开了花。

但是没过多久，另一位好朋友也买了一套房。装修好后，朋友打电话让玛丽到家里参观。朋友的房子地段好，而且房子还很大，里面装修也很高档，玛丽原本买到房的好心情被朋友"更好"的房子给冲击掉了。

再回到家，玛丽怎么看都觉得自己的房子不够好，再也没有舒适、方便的感觉了，后来她又劝丈夫"重新动动"，要在市区买房，而且还偏要和那位朋友住同一栋楼，夫妻俩为此整日口舌之磨、身心俱疲，好好的家庭从此变得鸡犬不宁。

这就是攀比心理作祟的后果！攀比，把自己的生活重心放在别人身上，将幸福建立在与他人比较的基础之上，只要尝试过一次"更好"的滋味，就想寻求到更多的"更好"。有道是"山外青山楼外楼"，别人那里总有"更好"的，于是自己所得到的变得毫无生机和意义，这是一个多么傻的决定。

幸好，人是能够主导自己的。面对自己和别人的差距，假如我们能够摆正自己的心态，学着不计较，就能很大程度上减少内心的不平衡感，获得内心的满足感。要知道，每个人都是一个完全不同的个体，人与人之间的差异永远存在，因此根本不具可比性，比或被比，都不是寻找这种美好生活的正确途径。

更何况，凡事就像一个硬币，有正的一面，就有反的一面。生活也不例外，它是公平的，你得到了什么，都要以另一种方式付出代价。所谓"人人都有一本难念的经"，正是这个道理。别人的房子好，花的钱也会多，付出的辛苦也自然就越多，那就让他"更好"吧！自己不想太累，不想背负太重的经济负担，买一个舒适的就好，自己享受当下的惬意生活，有什么好比较的呢？

清朝郑板桥做官前后均居扬州，以书画营生，他在《道情》中写道："门前仆从雄如虎，陌上旌旗去似龙，一朝势落成春梦，倒不如，蓬门僻巷，教几个，小小蒙童。"这句话正是警戒我们：何必羡慕别人一时的幸运与眼前的煊赫？要知道，那种虚荣是不会久长的，还不如教书清高！

所以，当我们心情烦躁的时候，不妨自问一下：自己是否正处于比较后不平衡的心理状态下？如果是，请赶紧远离这种比较。与其攀比别人，不如汲取一些别人的成功经验，内化为自己的优秀品质，尽最大的努力过好自己的生活。你会发现，你的生活充满了愉悦、安然和幸福的味道。

L小姐和M小姐是同窗好友，L小姐的能力及家世都好，步出社会后事业一帆风顺，短短几年就位居某公司经理职位，有房有车，意气风发不可一世；而M小姐虽有才能，不知是努力不够还是运气较差，几年下来工作始终不如意。

M小姐一度眼红L小姐的优秀，心里不免有股怨气："哼，以后我要买比你更大的房子"、"买比你更高级的车子"、"我要比你更有出息"……但是，很快M小姐发现这种攀比的生活方式一点也不快乐，于是她开始调整自己的心态："我的房子不大，但温馨就好；我的工作平凡，但找到自己的价值就好……""L小姐的生活虽然值得羡慕，但这些都是她一步步奋斗出来的。"

之后，M小姐不再与L小姐攀比，而是开始安心地做自己的工作，并努力积蓄自己的实力。她对于工作是极其认真的，稳扎稳打，最终凭借多年累积的经验、实力及资源，M小姐获得了施展的空间，事业渐入佳境。

看到了吧，幸福是属于自己的事儿，从来就好端端地在那里，不增也不减。保持平和的心态，知道自己想要什么，不和别人攀比，尽自己所能，无愧于社会、无愧于他人、无愧于自己，那么，我们的心灵圣地就一定会阳光灿烂，鲜花盛开。这是一种生活的智慧，也是一种生活的姿态。

　　如果你真的想比较，那么不妨与那些不如我们的人相比。美国作家亨利·曼肯说过："如果你想幸福，有一件事非常简单，就是与那些不如你的人，比你更穷、房子更小、车子更破的人相比，你的幸福感就会增加。"

快乐地下山

> 下山没有上山的高昂，却更悠然。

任何人，无论做任何事情，都必定有他的极限，必定有他的承受能力，必定有他能达到的最高高度。可惜有些人不懂得这个道理，为了标榜成功不承认极限，时刻都想拓展自己的空间，展示自己的才华，做无能为力、力所不及之事。

一天，森林中举办比"大"的比赛，一头老牛走上擂台，它的身躯庞大，动物们高呼："大。"大象登场表演，她只跺了跺脚，动物们就高呼："大。"这时，台下的一只青蛙不服气了，"哼，难道我不大吗?"它"嗖"地跳上擂台，拼命鼓起肚皮，高喊："我大吗?"台下传来一片嘲讽之声"不大"。青蛙不服气，继续鼓肚皮，结果"嘭"的一声，它的肚皮鼓破了，一命呜呼。

这个故事启迪我们：明知不可为而强为之，这是笨蛋的愚蠢和贪婪。

的确，生活在竞争激烈的现代都市中，我们要取得优势就该将自己的目标定得大些，高度定得高些。但是，追求的目标过大，锁定的高度过高，而自己又不具备相应的能力和实力，不可为而为之，超过极限，只会得到英雄主义般的"悲壮"，只会在成功路上屡屡摔跤，落得人事两空。

美国教育家里维斯博士写过一个寓言故事《动物学校》，大意是为了应对自然界的种种挑战，动物们创办了一所超级技能学校，鼓励让所有动物精通奔跑、游泳、爬树和飞行等生存技能。为此，鸭子不得不学习跑步，兔子不得不练习游泳，松鼠不得不练习飞行……结果它们个个严重受伤，考试不及格。

看到鸭子学跑步、兔子学游泳、松鼠练飞翔……是不是很滑稽，但你可能就是其中一员。比如，你现在是一个技术型的员工，不懂管理，但你却一心想往行政职务上升迁，那么即使你再努力，进步也是非常慢的，很难得到公司的提拔。即使你真的有幸被提拔为了管理人员，你的能力也很难做出理想业绩，迟早还会退下来。

诚然，每个人都渴望创造一番伟大的成就，但是林肯说过一句话"自然界里的喷泉的高度不会超过它的源头"，了解和承认自己的能力和局限，做自己能做的事，量力而行，恰到好处，当行则行，该止则止，才能使有限的生命发出适度的光芒，从而为自己的心灵带来幸福和满足。

有一位登山运动员，他曾经有幸参加了攀登珠穆朗玛峰的活动。珠穆朗玛峰最高海拔为 8844.43 米，当爬到海拔 6400 米的高度时，他因为体力不支便停了下来，悠然下山了。事后，许多朋友都替他惋惜，说已经走了四分之三的路程了，如果他能咬紧牙关挺住，再坚持一下，再攀登那么一点点就上去了。

没想到这位运动员却不以为然，他轻轻一笑，十分平静地说："不，我自己最清楚，6400 米的海拔高度是我登山生涯的最高点，如果我再攀登的话，可能就会丧命呢。我已经尽力了，所以对此我一点都不会感到遗憾。"

对于这位登山运动员来说，6400米就是他的极限和最大的承受能力，他懂得保存自己的实力，淡然地做自己能做的事，悠然下山去。谁又能说，这不是真正的英雄呢？做自己能做的事，只要用尽全力，用尽所能，自己问心无愧，最后实现了什么目标，达到了什么高度其实并不重要，也没有什么遗憾。

一个人应当做他能做的事，罗曼·罗兰在其著作《约翰·克利斯朵夫》中借用主人公之口说了一段精彩的话："如果不行，如果你是弱者，如果你不成功，你还是应该快乐。因为那表示，你不能再进一步，干嘛你要抱更多的希望呢？干嘛为了你做不到的事悲伤呢？一个人应当做他能做的事……竭尽所能。"

做自己能做的事，怀揣标尺上路，让它既督促我们不懈攀登，又提醒我们恰到好处戛然而止，这并不是放低要求，无所追求，虚度人生，这是一种理智的清醒，是一种务实的智慧，是一种人生的准确定位，一种可贵的脚踏实地，一种成功的必由之路。

在实际生活中，办企业可以获得成功，进行金融投资也可以获得成功，他们的成功来自于对自己实力的了解和把握；做企业的人没有去炒股，或者投资房地产，那是因为他们知道自己的能力范围是办企业，其他的领域就是他们极限范围之外了；进行金融投资的人没有去办企业，那也是因为他们只做自己能做的事。

当你对某件事情力不从心，步履艰难，甚至倍感失意的时候，请先静下心来检视自己，是否在做自己无能为力的事？如果答案是肯定的，如果你足够聪明，就应该学会选择；如果你足够勇敢，就应该学会舍弃，悠然下山去。

有朵玫瑰叫"真爱"

玫瑰是假的没关系，只要爱情是真的。

爱情是心灵的寓所、是情感的归宿，是我们在心中编织的一个美丽的梦。这个梦是完美无缺的，但却往往因现实的撞击而充满遗憾。遗憾的是，你苦苦追求，却还是没有机缘；遗憾的是，你苦苦思念，却还是不能执手相牵；遗憾的是，你们明明相爱，却只能在擦肩而过中，渐行渐远。

面对情感上的遗憾，不少人会颇为伤痛、倍感心碎，将"遗憾"两个字挂在嘴边，刻在心坎上，纠缠在遗憾里面，一遍一遍地问天问地，沦为红尘都市里的痴男怨女。结果呢？不仅折磨了自己的精神，辜负了美好的生活，还有可能阻断了追求真爱的路，错过一生真正的爱人，何必？

要知道，世上有很多事可以求，唯独缘分是难求的，所有无法走到一起的人，不是无缘或无分，就是有缘无分。感情是一份没有答案的问卷，苦苦追寻并不能让生活更圆满。学着看淡一点，接受一些遗憾，宽恕一些遗憾，也许有一点失落，或一丝伤感，但它会让这份答卷更隽永，更永久。

弗朗西斯卡是美国艾奥瓦州一农夫之妻，她贤淑、善良，和丈夫及一对儿女在自己拥有的农场里过着单调而平静的日子，既没有特别令人揪心的事，也没有令人激动万分的事。这种状况一直延续到她遇到罗伯特·金凯为止。

罗伯特·金凯是个天才摄影家，一个夏日，他来到弗朗西斯卡所在的农庄附近，他想拍摄当地一座颇有历史的廊桥——罗斯曼桥。在偶然间，弗朗西斯卡成了罗伯特的领路人，当时正巧丈夫和儿女不在家，时间和空间为这对中年人提供了滋生爱情的条件。在短暂的四天时间里，弗朗西斯卡和罗伯特·金凯迅速坠入爱河当中。他们一起到廊桥去拍摄美丽的风景，他们一起吃着烛光晚宴，他们一起就着音乐翩然起舞……总之，他们忘记了一切，共沐爱河。

然而，罗伯特·金凯的工作性质注定他云游四海、漂泊四方，不可能像普通人那样过居有定所的生活；弗朗西斯卡还有自己的丈夫和儿女，她不可能为了他抛弃这一切，最后罗伯特·金凯带着遗憾走了，然而双方自此留在了彼此的心中。年复一年的缠绵思念，刻骨铭心，凄婉绝伦……

这就是著名电影《廊桥遗梦》阐述的故事，不否认男女主人公是真心相爱的，但命运与缘分的捉弄使他们不能厮守终身，各奔东西，此后半生也要抱着深深的遗憾过活。也许世间最大的悲剧莫过于两个相恋的人不能牵手一生一世，但是正因为有了遗憾，那份情义才越发显得弥足珍贵，既浸入骨髓又超然永恒，感动了千千万万的观众。

试想，如果当初弗朗西斯卡选择抛夫弃子，放弃家庭的责任，随罗伯特·金凯私奔他乡，这个故事也就落入了普通得不能再普通的移情别恋的俗套，而且他们真的能够情比石坚、相伴一生吗？即使他们能白头偕老，那又何来浪漫且刻骨铭心的爱情经典?！月缺令人感慨，花落令人心碎，不完美往往才是完美。

所以说，苦苦追求却没有机缘，苦苦思念却不能执手相牵，这种遗憾并不可怕，可怕的是不放弃遗憾，终身为遗憾所累。智慧的人总会在遗憾的时候静下心来，平复和化解心中的遗憾之殇，细细地品味遗憾之美，如此，深深的痛苦就不会光顾心房，而且悲壮之余会有更深刻的感悟，情感在心里会是圆圆满满的。

事实上，许多感情从开始到结束不管结果如何，只要有过那种让自己心灵为之震动的感觉，这本来就是一种富有，一个温暖的感情矿藏，一种生命中最厚重的拥有。"两情若是久长时，又岂在朝朝暮暮"，两人只要能彼此真诚相爱，即使终年天各一方，也比朝夕相伴高雅得多。

1920 年秋，在风景如画的伦敦康桥，徐志摩结识了林徽因，他们畅谈理想，纵论人生，在文学艺术的天堂里徜徉交心。思想上的沟通、感情上的融合以及对诗情的理解使两颗年轻的心不断靠拢，徐志摩燃烧的眸子里写满了对林徽因的眷恋。面对徐志摩的主动追求，林徽因不是没有动心，她惊惶，喜爱，羞涩，愉悦。

但是阴差阳错，命运终是没有笑对徐志摩，林徽因后来跟建筑界的才子梁思成成婚了，因为徐志摩那时候还没有和妻子张幼仪离婚，林徽因那般高贵，自然不会将这段看似才子佳人的爱情故事演绎下去。不过，林徽因自此成为了徐志摩心中永远的完美女神，而林徽因对徐志摩则是比真正的爱情少一点点，比纯粹的友情又多一点点，两人互相关心和理解，尤其在文学上更是经常切磋。

"我将在茫茫人海中寻访我唯一之灵魂伴侣。得之，我幸；不得，我命。"这可以说是悲情诗人徐志摩为自己短暂的一生所写下的注脚。徐志摩和林徽因只有灿烂的爱情而没有停泊的归宿，但这种无法真正言明的感情刻骨铭心，也正因为诗情和激情的幻变，才孕育出了热爱"爱和自由和美"的浪漫才子徐志摩。

"我将在茫茫人海中寻访我唯一之灵魂伴侣。得之，我幸；不得，我命。"诗人的爱情尽管有遗憾，是万丈红尘中的空望，是洗却铅华之后的暗伤，但也留下了片片人间真情，闪耀着日月的光芒。有过情感遗憾的人，必定是感觉到深切痛苦的人，这样的人付出过最真的心，也必定真实地活过。

是的，美丽的爱情有写不完的遗憾，不过爱情不会因遗憾而缺失本有的心灵温暖、灵魂悸动，它依然可以是一段美好的时光、一段温馨的记忆。接受遗憾的爱情吧，让它以一种别样的美丽开放在我们心里："一个是太阳，一个是月亮，太阳月亮从不厮守，但谁说它们不天长地久？"

动人的只是曲子

弦断了，曲子继续。

荷兰阿姆斯特丹有一座 15 世纪的老教堂，它的废墟上留有这样一行字："事情既然如此，就不会另有他样。对必然之事，且轻快地加以承受。"语句虽然简短，但是道理却很深刻——有生之年我们势必会遇到许多不快，它们是我们无法选择也无可逃避的，这时我们只能学会接受它们。

接受必然发生的事实，好好地把握现在，这是克服任何不幸的第一步。

小提琴上的 A 弦断了，演奏还能继续吗？在这种情况下，一般演奏者会停下来，换一把提琴再演奏。如果不巧找不到一把适用的小提琴，那么这支曲子也就只好到此为止了。不过，世界著名小提琴家欧利·布尔告诉我们"就算弦断了，也要把曲子演奏完"，当然这也缔造了他的成功。

一次，欧利·布尔在法国巴黎举行了一场万人瞩目的音乐会。当时欧利·布尔演奏得非常投入，饱含深情，听众们也听得很入神，不料突然发生了意外状况：一首曲子还未演奏完，小提琴上的 A 弦却断了。

面对突如其来的意外，周围的人异常紧张，他们不知道欧利·布尔该如何"收场"，如果处理得不好，就可能影响到整场音乐会，甚至影响到欧利·布尔日后的音乐生涯。就在"知情人"焦虑和观望的时候，欧利·布尔却丝毫没有在意那根断了的 A 弦，他从容不迫地继续演奏了下去。

当欧利·布尔演奏完毕后，整个音乐厅回响着热烈的掌声。后来，有记者采访欧利·布尔时问及此事，欧利·布尔淡淡一笑，回答道："要不然怎样呢？难道我就不继续演奏了。这就是生活，如果你的 A 弦断了，就用其他三根弦把曲子演奏完。"

A 弦断了，这对任何小提琴手来说都是一件糟糕的事。试想，如果欧利·布尔沮丧并自暴自弃地说："完了，我真倒霉，这可怎么拉下去啊！"那么他就真的完了，不仅会影响到音乐会的效果和自己的前程，而且还会陷入抱怨和诅咒命运的怪圈，自卑自怜地度过一生，成为一个懦夫和失败者。

不管什么时候，在什么场合，发生了怎样尴尬或难以解决的事，不要抗拒，不要逃避，学着面对它，接受它，然后想办法去改变它，而不是随波逐流，任由事态肆意发展，那么此时也就是不幸开始离去之时。正如美国哥伦比亚学院院长赫基斯所说："如果一个人能够把时间花在以一种很超然很客观的态度去看待既定事实的话，他的忧虑就会在知识的光芒下，消失得无影无踪。"

你也许以为自己办不到，但你要意识到我们内在的力量坚强得惊人，它可以强大屹立如山，遇风雨而不倒，那么也就完全可以自若地用断弦缔造一场无人能及的完美演出。要培养自己这样的个性是不容易的，因为它需要克服恐惧，斩断悲观，更需要内心有一股淡定自信的力量，活在当下。

塔金顿是美国的一个著名小说家，他常说："我可以忍受一切变故，除了失明，我绝不可能忍受失明。"可是在他 60 多岁的时候，他有一天扫视了一下地上的地毯，竟发现自己看不清地毯的颜色和图案。去医院检查，医生告诉他一个不幸的消息：他的视力正在减退，其中一只眼已几近失明，另一只也快瞎了。

最恐惧的事发生了，塔金顿对这最大的灾难会如何反应呢？他是否觉得："完了，我的人生完了！"完全不是，他知道自己无法逃避，所以唯一能减轻受苦的办法，就是爽爽快快地去接受它。为了恢复视力，塔金顿在一年之内做了12 次手术，而且他没为这事烦恼，他还会努力鼓励病友们振作起来。眼球里有黑斑浮动，会挡住塔金顿的视线，当有人问他是否感到不便时，他还因此发挥了一把幽默："当它们晃过我的视野时，我会说：'嗨！天气又这么好，你要到哪儿去？'"

如此乐观的人，还有什么灾难不能克服？塔金顿说："正如别人能够承受所遭受的不幸一样，我也能坦然直面我的失明。即便我的五种感官全部丧失了功能，我还可以靠思想生活。这件事教会我如何忍受，而且使我了解到，生命所能带给我的，没有一样是我能力所不及而不能忍受的。"

心理学家阿佛瑞德·安德尔说过："人类最奇妙的特性之一，就是把负的力量变成正的力量。"塔金顿的个性正是如此，遭遇了自己最恐惧的事，他没有逃避，没有抗拒，平和地接受了无法改变的现实，想到的是如何从这种不幸中脱离出来，如何改变自己的命运，进而享受到了生命的乐趣。

"天穹之下疾病多，有的易治有的难。有治就把良方寻，无治不必硬勉强。"是的，许多的经历，我们是无法逃避的，也是无所选择的。接受不可避免的事实，积极进行自我调整，才能使糟糕的事情变得柳暗花明，才能掌握好人生的平衡，才能最终改变自己的命运。

新英格兰著名女性主义者玛格丽特·福勒的人生信条就是："宇宙中的一切都是必然的，我接受宇宙中的一切。"当脾气古怪的苏格兰作家托马斯·卡莱尔听后，不禁大声吼道："我的天啊，她最好如此！"是的，我的天啊，你我最好都如此，如此坦然接受那已然发生的不可逃避的一切。

此刻永恒

瞬间的此刻，造就了永恒的记忆。

什么样的生活才是幸福的？相信很多人都存有这样的疑问，也一直在寻求问题的答案，但是这个问题是没有标准答案的，因为幸福是一种心理感受，而每个人的感受又是不一样的，如有的人认为高官厚禄是幸福，有的人认为功成名就是幸福，有的人则认为家庭和睦是幸福……

不过，下面这个故事所给出的幸福含义则值得我们所有人思考。

依萨出生于纽约贫民窟的一个黑人贫穷家庭，他从小便感受到了生活的艰难。缺衣少穿的生活、种族的歧视、同学们的取笑，常常让他伤心不已，他觉得自己是世界上最不幸的人，也几乎痛恨周围所有的人，他决心要出人头地，过上幸福的生活。

凭借勤奋的学习，依萨如愿考上了一所著名大学，但幸福的感觉很快离他而去，因为昂贵的大学学费还等着他。大学时期依萨一边学习，一边打工，熬到了毕业，并在一家大公司找了一份不错的工作，但他还是不幸福，因为他不但要受上司的气，还要受同事的排挤，他觉得只有拥有自己的公司才能过上幸福生活。依萨拿出自己几年的积蓄注册了一家销售公司，经过几年的努力他的小公司变成了大公司，他拥有了曾经梦寐以求的豪华别墅、高档轿车、巨额银行存款和美丽贤惠的妻子。但是幸福却没有随之降临，因为他的下属不但偷懒、工作效率低还总要求加工资；他的竞争对手心狠手辣，整天想着要挤垮他的公司。

由于心情不好，依萨开车时老走神，最终导致了车祸——他的高级轿车钻进了大货车底下。轿车报废了，所幸依萨只是受了点皮肉伤，没有生命危险。事后，一想到那惊心动魄的一幕，依萨就吓得浑身发抖，他突然明白，活着是多么美好啊，一个人只要拥有了生命，就是最大的幸福，没必要再奢求任何事情。

人的一生总会经历很多事情，也许我们生活并不富裕，也许我们没有成功的事业，也许很多不幸的事情发生在我们身上，于是很多人抱怨自己不幸福。但细想一下，那些跟生死比起来根本不算什么，还有什么能比活着更幸福呢？

在这生与死并存的世间，生命对于每个人来说只有一次，而且时间很短暂。人最大的财富和最珍贵的应该是"生命"，就像电影《怪物史莱克》中演的那样，如果把一个人出生的那天抹去，恐怕就不会存在"金钱"、"权利"、"感情"这样或那样的种种纠结，没有存在过，也谈不上发生过，又何来幸福？

曾看过这样一个故事。

有一位年轻人老是埋怨自己贫穷，不够幸福，终日愁眉不展。

"穷？你很富有嘛！"一位智者由衷地说。

"这从何说起？"年轻人问。

智者反问道："假如现在斩掉你一个手指头，给你1千元，你干不干？"

"不干。"年轻人回答。

"假如斩掉你一只手，给你 1 万元，你干不干？""不干。"

"假如使你双眼都瞎掉，给你 10 万元，你干不干？""不干。"

"假如让你马上死掉，给你 1000 万元，你干不干？""肯定不干。"

智者笑笑说："小伙子，你已经拥有这么多财富，为什么还哀叹自己贫穷呢？"

年轻人愕然无言，突然什么都明白了。

看到这里，你是不是也会恍然大悟，感慨一句："哇，原来我是这么富有！"

"愿以我一切所有，换取一刻时间。"伊丽莎白女王临终前的遗言，仿佛是一句警告，生命是最宝贵的拥有，活着是对生命价值与意义的最好诠释！只要生命还在，就有希望和梦想；只要生命还在，就有幸福和快乐。活着，我们可以看花开花落云卷云舒，可以听潮起潮落甜言蜜语；活着，我们可以感受阳光的温暖，可以体会秋风的萧瑟……

既然如此，能够完好无损地活着就已经是极大的恩宠，又何必不断埋怨、纠结于生活中的种种不如意呢，这一切的一切都仅仅是生活中小小的插曲而已。抓住生活中的每一瞬间，览尽人生百态，品尝五味杂陈，痛苦的滋味便淡了，幸福便在生命中得以显现。

第二次世界大战时，有一名士兵在一次战役中被炮弹击中，腿部流了很多血，他和一些同样在战场上受伤的士兵被送到了医院。在医院里，伤员们的脸上写满了颓废和恐惧，他们每天都处在忧虑和痛苦中。

经过医院的紧急抢救，该士兵脱离了危险，并最终苏醒了过来。只不过，他的左腿被截肢了，而且永远也不会再长出一条左腿了。截肢的疼痛时常折磨着他，而且他要承受自己已经是残疾人的精神压力，但他看起来一点也不悲伤，脸上反而洋溢着幸福的气息。

对此，其他士兵很不解。

该士兵解释道："我失去了一条腿，不能再在战场上奋勇杀敌，而且下半辈子要拄着拐杖或者坐着轮椅生活，这是令人痛苦的事情。不过，我还活着啊，这对我来说就是最大的幸福！我还可以吃饭，还可以喝水，还可以看到高远的天空和人间景象，还可以和别人握手，感觉到人体的温暖和无声的爱……"

"我还活着，这对我来说就是最大的幸福"，多么好的一句话啊！"活着"原本是一件非常简单而又顺风顺水的事情，但当灾难来临的那一刻"活着"就变成了一件非常困难甚至是天方夜谭的奢望，人们才真切地感受到活着有多好！

当面临生活中繁杂的纠葛、苦痛、伤害、低迷等问题时，如果我们能够多和自己说"幸好我活着"，相信就会对生命有一个全新的认识，发现一些事情其实微不足道，不值得操心，进而满怀对生命的感激之情，将生活过得安然、幸福而有意义。

第四章

心沐阳光，弹去几多尘烟

心是最敏感的温度计，心的委屈是最大的委屈，给心一个太阳能吧，无论晴天、阴天，让心沐浴阳光，抵御风雨，温暖如春，生命的花便永开不败。

你能制造好运气

你心情的天气，你能掌控。

生活在纷杂的都市中，每个人不可能是一帆风顺的，或会遇到困难，或会遭遇挫折，或是体验各种变故，这时候人们很容易会心烦意乱，或者萎靡消沉，甚至一蹶不振，陷入消极被动的恶性循环，难以自拔。

你希望自己一辈子生活在绝望中吗？你甘愿自己一生平庸无为吗？如果你的答案是否定的，那么现在就调整自己的心态，学着用积极的心态看待生命中的不幸，你会发现内心获得了全新的感受，不利的局面将一点点改善。

因为，好运气能"制造"。

你是否留意到：有时，你心里想要的东西会接连不断地出现在你眼前，你渴望发生的事情会奇幻般的发生。比如，你在街头行走的时候突然遇到了自己梦寐以求要见的人；你想要一个笔记本电脑，朋友果真将它作为生日礼物送给了你；在恰当的时间和地点遇到了一个满意的终身伴侣……相信很多人有过这样的体验。

想要什么就来什么，太玄妙了！听上去有些不可思议，实际上，这都是心态的作用。心态有时会决定人的命运，积极心态就是转运的阳光。因为，它会让你看到生活的另一面正阳光灿烂，激发自身内在的积极力量和优秀品质，最大限度地挖掘自己的潜力，让事情向有利于我们的方向发展。

电影《倒霉爱神》恰恰给我们展示了这个事实。

女主人艾什莉好比上帝的宠儿，始终受着生活的眷顾。随便买一张彩票就能够中头奖；在繁忙的纽约街头想要搭计程车，很快就有好几辆车都向她驶来；毕业后不费周折就在一家知名的公司做了项目经理。她的生活和工作，可谓是一路畅通，惬意而幸运得让人嫉妒。

男主人杰克好比世上的天煞霉星，有他出现的地方就有霉运，医院、警察局、中毒急救中心，是他经常光顾的地方。新买的裤子看上去好好的，可一穿就断线；工作上他更没有艾什莉那么幸运，他不过是一家保龄球馆的厕所清洁员。

看到影片中这些零碎的片段时，众人不禁哑然失笑，但也会感慨：同样是人，怎么差别这么大？有人就是幸运，有人就是倒霉！其实，这不是运气的问题，而是心态在发挥作用。对于艾什莉来说，她的内心充满着对好运气的渴望，她所做的一切都在朝着好运的方向努力，积极的生活态度，自然给她带来惬意美好的生活。反观杰克，他为何就像一块倒霉的磁铁呢？那是因为他的潜意识里不断地提醒他，就快有霉运来了。于是，正如他所想的那样，倒霉的事真的接二连三地来了。

其实，人与人之间本来只有很小的差异，但这很小的差异却往往造成了巨大的不同！这种差异就在于人们凡事所采取的不同的心理暗示。美国企业家理查·狄维士也曾告诫我们说："人们需要保持着内心积极的力量，从始至终、永不放弃。特别是在人生中不如意、不顺心、不快乐的阶段，更是需要拥有充足的心灵资源来支撑度过。"

因此，面临人生过程中的逆境时，我们不必绝望，自甘堕落，而是要及时地调整情绪，改变自己的心态。只要我们以乐观、向上、愉悦的积极态度面对人生，就会发现，生活里原来到处都是"好运"，就能突破重围，任何难题都将迎刃而解。这一点适用于每一个人，每一种场合。

那么，什么是积极的心态呢？让我们看看下面的例子吧！

查理出身贫寒，初中毕业后他就离开了家，赌博，斗殴，酗酒，同"边缘人物"混在一起。军事冒险者、逃亡者、走私犯、盗窃犯等一类人都成了他的同伴。最后，他因走私麻醉药物而被捕，受到审判并被判了刑。查理进监狱时声言任何监狱都无法关住他，他会寻找机会越狱。

但此时发生了一件事情，查理的妈妈寄来一封信："你提起被关在监牢多么难受，我真的可以理解。查理，你可以选择看着铁窗，也可以选择透过它看外面的世界；你可以成为囚友的榜样，也可以与那些捣乱分子混在一起。这一切，都在于你内心的选择。"看完妈妈的信，查理悔悟了，他决定停止敌对行动，争取好的表现，变成这所监狱中最好的囚犯，进而改变自己的人生。

积极的心态让查理看起来热切和诚恳，因而博取了狱吏的好感。从那一瞬间起，他整个的生命浪潮都流向对他最有利的方向，他顺利地获得了一份电力工作。"我一定要干好这份工作，我可以的"，查理继续用积极的心态从事学习和工作，他成了监狱电力厂的主管人，领导着一百多个人，他鼓励他们每一个人把自己的境遇改进到最佳的地步，最终他和他的囚友们都提前出狱，重回社会。

查理曾经被判刑入狱，如果他继续往原来的方向奔去，谁知道他会变成什么人啊。幸好妈妈的信件，使他学会了用积极的心态去解决他的个人问题，终于把他的世界改造成为适合生活的更好的世界，他得到了平静的心情、幸福和人生中有价值的东西，这就是积极心态的力量。

可见，积极的心态就是用积极的思想、语言不断提示鼓励自我、安慰自我，克服悲观、沮丧和恐惧心情，在内心里认为自己能够成功、正在进步，并且会越来越好，从而使心理状态得到自我调整，激发出自身内在的积极力量和优秀品质，进而最大限度地挖掘出自己的潜力。

詹姆士·艾伦在《人的思想》一书中说，"一个人会发现，当他改变对事物和其他人的看法时，事物和其他人对他来说就会发生改变——要是一个人把他的思想朝向光明，他就会很吃惊地发现，他的生活受到很大的影响。人不能吸引他们所要的，却可能吸引他们所有的……能改变气质的神性就存在于我们自己心里，也就是我们自己……一个人所能得到的，正是他们自己思想的直接结果……有了奋发向上的思想之后，一个人才能奋起、征服，并能有所成就。"

"安利之父"、美国著名的企业家理查·狄维士也极为推崇积极的心态，他甚至将毕生卓越的经营理念归结为"积极思考"，或称为"积极心态"。他认为，"拥有积极向上的心态，这是培养领导力、取得事业进展的关键；生活在当下的每一个人，都需要掌握积极思考的智慧。"

记住，你的心态是你，而且只有你唯一能够完全掌握的东西。练习控制你的心态，并且利用积极心态来引导它。接下来就很简单了，等待好运的出现，这是真的！就如日本西田文郎所言，"我敢如此断言，因为幸运是有原则的，只要遵循着幸运的大原则去生活，人生就会一路幸运，好运挡也挡不住。"

一些有重要意义的提示语，以供参考：

如果相信自己能够做到，你就能够做到；
在我生活的每一个方面，都一天天变得更好而又更美好；
我凭借自己的行动，就能变成我想做的人；
我觉得自己很棒，好得不得了！
……

幽默大 PK

幽默的人，是懂得快乐的人。

职场失败的痛楚，人际关系的不协调，生活上的经济窘迫等，这些不如意都会给都市人带来很多的烦恼。这时候，如果我们情绪上低落、忧虑，或者紧张等，那么多少都会影响到正常的思维，不能全面分析问题，进而将快乐推离得更远。

此时，为何不试着幽默一下呢？在心理防御机制中，幽默是化解痛苦的一种有效方法。很多心理学家根据多年的实验得出了这样一个心理学结论：当你有痛苦的时候，用幽默的方式去理解痛苦，你会得到更多正面的解释，更容易了解痛苦的合理性，从而降低痛苦对你的负面影响。

张炜是某公司的业务代表，最近他不幸地患上了强迫障碍症，在走路时控制不住想跳过井盖，为此他非常沮丧。晚上他躺在床上时想："遇到困难时别总垂头丧气，想个高兴事吧！对，想想卓别林演的电影吧。自己总强迫性的跳过井盖，就好像电影中那位男主人公一样，见到螺丝一样的东西就拿扳子拧，在工作流水线上拧螺丝，下班去拧女士们大衣的纽扣。"当张炜想到幽默大师那么认真、幽默的表演时，止不住笑了起来，心情一下子变得好多了。

由于这种症状影响到了工作，张炜从总公司被调至分公司服务。决定人事变动的经理以安慰的口吻对他说："你也用不着气馁，不久以后，我们还是会把你调回总公司的！"已经尝到幽默"甜头"的张炜以轻松的口气，毫不在乎地说道："哪里，我才不会气馁呢！我只不过觉得有像董事长退休时的心情而已。"

面对身体上的疾患，面对工作上的调动，任谁都无法坦然地接受，但是张炜不气馁、不暴躁，他懂得靠幽默来调节自己，从而消除了内心的郁闷，使自己以良好的心态投入到生活和工作中去。的确，烦恼、痛苦、忧虑、紧张会影响我们的理性，而幽默恰恰可以化解这些负性因素，促使理性的回归。

乐观与幽默是亲密的朋友，生活中如果多一份乐观与幽默，那么就没有克服不了的困难，也不会出现整天愁眉苦脸、忧心忡忡的痛苦者。用幽默的心情看待人生，其实正是现代都市人应有的生活态度。有幽默感的人，凡事健康思考，保持正面态度，当遇到麻烦时，往往容易化险为夷。

出身穷苦的林肯曾多次面对挫败，八次竞选八次落败，两次经商失败，甚至还精神崩溃过一次。然而，在这当中他学会以自嘲、调侃、讲大白话等幽默方式来排解无尽的烦恼，营造内心的愉悦，进而改变了自己的人格，也改变了自己的命运，最终成为美国历史上最伟大的总统之一。

下面是几则林肯的小事，我们完全可以领略其幽默的穿透力。

林肯的容貌是很难看的，他自己也知道这一点。一次，他和竞选对手斯蒂芬·道格拉斯进行辩论，道格拉斯指控林肯说一套做一套，是一个地地道道的两面派。林肯答道："现在，让听众来评评看。要是我有另一副面孔的话，您认为我会戴这副这么难看的面孔吗?"他的话逗得大家哄堂大笑,连道格拉斯本人也跟着笑了起来。

林肯当上总统后,由于出身低微,总有政敌想方设法来侮辱他。在一次公开场合,他收到下面传来的一个纸条,上写"笨蛋"两个字。林肯瞄了一眼,知道这是有人在捣乱。他没有生气,而是笑着对广大听众说:"我们这里只写正文,不记名。而这个人只写了名字,没写正文。"

林肯的妻子做了总统夫人之后,脾气愈来愈暴烈。她不但随意挥霍,还常对人大发淫威,一会儿责骂裁缝收费太多,一会儿又痛斥杂货店的东西太贵。有一位吃够了总统夫人苦头的商人找林肯诉苦,林肯苦笑着说:"先生,我已经被她折磨了15年了,你只需要忍耐15分钟不就完了吗?"

林肯的笑是苦恼的笑,是一种在困境中的乐观,这使得他的幽默更有感染力,也更深入人心。美国人常说:"比起林肯受过的苦,我眼下的苦算得了什么?"美国人还常说:"既然林肯都能够变得幽默起来,那么我也能。"幽默,是林肯一生修炼的功夫,也是其人格魅力之所在。

一位禅师说:"聪明的人懂得幽默,幽默的人充满阳光,阳光的人快乐地生活。"当生活中遇到什么难题时,我们不妨来一点幽默。有了幽默,我们就可以以笑来代替苦恼;借着幽默的力量,我们能使自己超越痛苦。

幽默是人类在困境生活中创造出来的一种健康品质,它以愉快的方式方法体现人的真诚、大方和善良的心灵。它是追求向上者肩负人生重担所必须依靠的"拐杖",能使人自在地感受到自己的力量。同时,独立应付任何困境,战胜任何困难,更可能改变一个人的性格,甚至改变一个人的生活和命运。

那么，我们应当怎样培养自己幽默的能力呢？首先，幽默是一种智慧的表现，它必须建立在丰富知识的基础上；其次，心态要积极健康，性格要开朗乐观，对生活充满信心与热情，为人雍容大度，不能斤斤计较；再次，要有高尚的情趣、丰富的想象，从而做到妙言成趣，恰如其分，符合时宜。

穿越生命的"迷雾"

迷雾不是没有用的，它可以锻炼你的辨别能力。

生在红尘凡世，霓虹都市，相信每个人多多少少都会心存欲望。欲望，是人性的本能，也是人生必然。但是，欲望一旦无度变成了贪欲，人就会失去平和的心态，导致本心、本性的迷失，精神上永无快乐，永无宁静，这样的人生犹如走在"迷雾"中，看不到前，也看不到后，步履艰难……

这一点并不难理解。欲望，是指想得到某种东西或达到某种目的的要求。人一旦陷入欲望的沟壑，就会变得倍加贪婪，总认为自己的付出与获得不成正比，总希望以最少成本获得最大回报。于是，为了满足自身的欲望，为了求得心理上的平衡，会不停地索取，不停地追逐，内心得不到片刻清净。

大海边上一栋破旧的茅草屋里住着一对老夫妻，他们无儿无女，过着非常清贫的生活，老头每天都出海打鱼，早出晚归，而妻子则在家纺纱，赚些钱以贴补家用。

有一天渔夫出海打鱼，撒了好几网都一无所获，于是他决定再撒一网，要是还是什么都打不上来的话就回家。幸运的是，最后一网却让他打上来一尾美丽的金鱼。更让人吃惊的是，这尾金鱼还会说话，它苦苦哀求渔夫说："我是大海里的金鱼公主，求您放我回大海里吧，我会报答您的，无论您有什么愿望，我都会帮您实现的。"善良的渔夫经受不住金鱼的苦苦哀求，什么要求也没提就把金鱼放回大海里了。

当看到渔夫空手而归时，妻子一直埋怨渔夫没用。渔夫听妻子数落完，把金鱼的事情说了一遍，本想能够洗脱自己的冤屈，谁想迎来的是更加严厉的指责："你这个糊涂的老家伙，你怎么可以什么愿望都没提，你看我们家穷得什么都没有，你就是要个木盆也好啊。"

渔夫禁不住妻子的一阵指责，来到大海边，对着大海喊："金鱼公主、金鱼公主……"没一会儿，金鱼浮出水面，渔夫羞愧地对金鱼说："我老婆到家把我骂了一顿，她想让我向你要一个新的木盆。"金鱼说："老爷爷，您回家吧，我会帮您实现愿望的。"渔夫刚到家，就看到自己家里多了一个又大又漂亮的新木盆，他心想：老婆有了个新木盆该高兴了吧。谁知妻子看到新木盆，不但不高兴，反而骂他骂得更厉害了，她又想要一座新房子。

渔夫无奈地再次找到金鱼说出老婆的愿望，等他回到家，他们家果然出现了一座宽敞明亮的新房子。可是他的老婆依然不满足，她想要的越来越多，她让渔夫跟金鱼说，她要城堡宫殿，还要当女王。这些愿望都实现了，妻子更加穷凶极恶地对渔夫说："现在我要你去告诉那条金鱼，让它过来服侍我。"渔夫没有办法，又对金鱼说出了妻子的要求。

这一次，金鱼什么都没有说，消失在大海之中。等渔夫回到家，城堡宫殿都消失得无影无踪，新房子也没有了，新木盆也没有了。他们又回到了原来清贫的生活之中，继续生活在破旧的茅草屋之中，而妻子还坐在房前用破木盆洗着衣服。

这个故事情节虽然简单，但起码说明了三个道理：一是人的欲望是不容易满足的；二是即使人的某个欲望得到了满足，其满足感所产生的快乐也维持不了多久；三是人的欲望过强，就会物极必反，渔夫的妻子被欲望蒙蔽了双眼，不懂得凡事适可而止，到最后落得一无所获的地步，又重新过上了清贫的生活。

由此可见，人如果控制不了自己的欲望，就会成为欲望的奴隶，最终要被欲望所湮没。所以，我们应该时常静下心来告诫自己：控制自己的欲望，切忌吝啬与贪婪，恪守自己的原则和信念，坚持踏踏实实地做事，如此才能少一些烦恼，多一些平和，才有精力做一些让自己真正有所收益的事情。

面对五彩缤纷的诱惑时，能够守住自己的内心，控制住自己的欲望，就能让内心安然并淡定下来。《菜根谭》对人生之"欲"有过这样的精辟论述："人生只为欲字所累，便如马如牛，听人羁络；为鹰为犬，任物鞭笞。若果一念清明，淡然无欲，天地也不能转动我，鬼神也不能役使我，况一切区区事物乎！"

在这一点上，中国历史上的民族英雄林则徐做得非常好。林则徐光明磊落、清正廉洁，"海纳百川，有容乃大；壁立千仞，无欲则刚"。与其说这是林则徐书写的一副对联，不如说是他本人的真实写照：他不为外物所诱惑，不为浮云遮双眼，从而获得一种超然物外的自在与宁静。

林则徐所处时代正值清朝开始走向衰落、风雨飘摇的多事之秋，官场十分腐败，"三年清知府，十万雪花银"乃真实写照。在风气不正、腐败现象包围的情况下，林则徐正气凛然，执法严明，对腐败深恶痛绝，他屡次痛斥权臣，严厉打击邪恶势力，皇亲国戚、佞臣奸党无不惧怕。林则徐每到一任，贪官污吏便心惊胆寒，土豪恶霸便威势顿挫，穷苦百姓欢欣鼓舞。特别是公元 1838 年，林则徐抗英禁烟。外国烟贩和勾结他们的洋行商人，起初并没有把林则徐的到来放在心上。他们知道，清朝官员都爱钱，只要花些银子，没有过不了的关，可这一回他们的如意算盘打空了。"本大臣不要钱，只要你的脑袋！"林则徐大举没收鸦片，并亲自监督鸦片的销毁。

林则徐为何能如此"刚"呢？说到底，这要源于他的"无欲"。他克己奉公，两袖清风，"宁可清贫自乐，不作浊富多忧"。为官几十年，他一日三餐只吃"落斛粥"（次米熬成的粥），一切唯温饱能居而已；外任时不吃沿途州府官吏为其安排的饮食，认为当官必须坚决杜绝私欲。林则徐从无他求，从不他欲，"不作浊富"，没有任何的私心，因此才一身正气，不畏权贵，不怕丢官，不怕杀头，刚正不阿，挺立世间。

无欲，是要求人们不贪得，不妄求。"无欲自然心似水"，"无求胜于三公上"，这是古人总结出的人生哲理，旨在告诫我们要克制私欲，淡泊守志。不为外物所羁绊，不为浮云遮双眼，身心就自然清净了。这是思悟后的清醒，更是超越世俗的大智慧，我们可将这一警语作为立身行事的指南。

面对错综复杂的都市世界，面对来自各方的种种诱惑，假如我们能够时时静下心来，守住自己的内心，舍弃功利与浮躁，克制贪婪之念，那么我们就能在障眼的迷雾中辨明方向，朝着正确的方向勇往直前，克敌制胜，也就获得一种超然物外的自在与宁静。纵使万物入镜，心依然不染尘埃。

高抬"贵"手

你让我一尺，我敬你一丈。

孔子对"君子"有多处论述，其中讲到"君子成人之美"，是说君子应该以慈悲为怀，主动给予他人以无私的帮助，促其成事；成人之美，换成现在的说法就是要"助人为乐"，这是做人的道德，亦是做人的修养。只为自己着想，从不考虑别人，是一个无情无知的人，最终只会害人害己。

一个富人的女儿患上了一种十分罕见的疾病，看遍了全国所有的名医都没有效果。有一天，富人得知一位德国名医要来他所在的城市考察的消息，他又重新燃起了希望，通过各种社会关系联系这位名医，但是杳无音讯。

一天下午，外面下着大雨，突然有人敲门，富人非常不情愿地把门打开，站在门口的是一个又矮又胖、衣服湿透、样子很狼狈的人。这人说："对不起！我迷路了，我能借您的电话用用吗？"富人很不悦地说："对不起！我女儿正在休息，我不希望有人打扰她。"说完，便关上了门。

第二天早晨，富人在读报纸的时候，看到了一则关于德国名医的报道，上面还附着他的照片。天！他惊呆了！原来那位名医竟然是昨天敲门借用电话的那位矮胖男人，富人后悔莫及。

事例中的这个富人是一个不懂得成人之美的人，正是因为他舍不得借用电话给一个陌生人，而把本能救助自己女儿的医生拒之门外，而且这个医生还是他千方百计想联系却一直联系不上的人，他有多后悔可想而知。

成人之美，助人为乐，这是立身之本，是幸福之源。

一分耕耘一分收获，我们付出多少，相应的就能回报多少。如果我们能够设身处地为别人着想，奉献一己之能，以助人为乐，为别人提供方便，那么别人也会对我们慷慨大方，也会设身处地地为我们着想，当我们遇到难处的时候，别人也会为我们提供方便，彼此互助是甘露般的妙药。

这就像姜太公曾经说过一句话："天下不是一个人的天下，而是天下人的天下。与人同病相救，同情相成，同恶相助，同好相趋。所以没有用兵而能取胜，没有冲锋而能进攻，没有战壕而能防守。"这意思就是说：我们爱人就是爱己，利人就是利己，助人就是助己，方便别人就是方便自己。

有一个年轻人因为一场车祸去世了，遇到上帝时他问："在我们的世界里，有许许多多的关于天堂地狱的说法，你能不能让我看一下真正的天堂与地狱有什么区别？"上帝见年轻人很真诚，就答应了他的要求。

他们先来到地狱，年轻人感觉到浑身冷得瑟瑟发抖，地府中寒气逼人，看见的都是骨瘦如柴、饱受饥饿的灵魂。"为什么他们都这么瘦呢？好像一副没吃饱的样子。"年轻人有些害怕地问上帝。

"你看那边！"此时，一群灵魂围在一个巨大的锅旁，锅里煮着美味的食物，他们每个人都争先恐后地用勺子盛食物，送到自己嘴边，可是他们手里的勺子太长了，吃到口里的远没有掉到地上的多，人人又饿又失望。

接着，上帝又带年轻人来到天堂。一群灵魂正在一个巨大的锅旁吃饭，他们手上的勺子也很长，可是人们都是把盛上食物的勺子送到对面人的口中。你喂我，我喂你，他们都能吃饱饭，所以个个脸色红润，身体健康，如仙人一般。

看到这个情景，年轻人顿时明白了天堂和地狱的区别。

天堂与地狱之所以有天壤之别，唯一的不同就是天堂的人不是自私地将勺子喂给自己，而是彼此为别人喂食。静思这个故事，定会明白伸出我们的双手，助人一臂之力，给人以支持，给人以温暖，看似是在做一本"赔本"买卖，实际上最终往往可以获得更多，且会形成互助、互爱、互帮的良好人际关系。

所以，我们要善于对别人付诸真诚和爱心，助人为乐，成人之美。

再来分享一个经典故事。

乔治·伯特是著名的渥道夫·爱斯特莉亚饭店的第一任总经理。年轻时，他只是一家旅馆的普通服务生。一个暴风雨的晚上，刚工作不久的他正在柜台里值班，有一对老年夫妇走进旅馆大厅要求订房。查看了房间登记记录之后，乔治·伯特很抱歉地对两位老人说："今晚上我们这里已经没有空房间了，对不起。"

看看老夫妇失望的表情，又看了看门外的飘泼大雨，乔治·伯特有些不忍心深夜让这对老人出门另找住宿，而且在这样一个小城，恐怕其他的旅店也早已客满打烊了，总不能让老人在深夜流落街头。于是，他说道："如果你们不嫌弃的话，今晚就住在我的床铺上吧，我自己在店堂里打个地铺就行。"

这对老夫妇谦和有礼地接受了乔治·伯特的好意，第二天早上他们付房费，伯特坚决拒绝了。临走时，老先生要了乔治·伯特的电话号码，说："你可以当一家五星级酒店的总经理，也许我将来会为你建一座酒店呢。"乔治·伯特笑了笑，认为这只是一个玩笑，很快他就将这件事情忘记了。

故事并没有因此而结束。过了一段时间，乔治·伯特真的接到了那位老先生的电话，邀请他到曼哈顿去，那位老先生真的建起了一座豪华饭店，他邀请他任这家饭店的第一任总经理。这家饭店就是美国著名的渥道夫。乔治·伯特目瞪口呆，他没想到举手之劳会让自己收获这么多。

你看，当我们主动善意地对待别人，尽最大的力量去帮助需要帮助的人的时候，我们不但可以得到别人回馈来的好处，而且还有可能得到意想不到的惊喜，如良好的人际关系，整个幸福的人生。这不是收获更多吗？那么，我们主动为别人付出一点，牺牲一点，又算得了什么呢？

更何况，一个乐于助人的人，内心必然有种种快乐。一个乐于助人的人，必定不会侵犯他人。因为在他们的心中，只有友善和爱，他们视帮助别人为人生乐事，自己也会被快乐包围。正如星云大师所说："滴水可以穿石，细沙可以阻挡洪流，只要常做善事，助人为乐，当然就会'为善常乐'!"

"路径窄处，留一步与人行；滋味浓时，减三分让人食。"一个人的能力有大小，但是有了助人为乐的品德，就能成为"一个高尚的人，一个纯粹的人，一个有道德的人，一个脱离了低级趣味的人，一个有益于人民的人"。

永不凋谢的百合

野百合也会有春天。

在遥远偏僻的小山谷里百花烂漫，有牡丹、玫瑰，还有丁香等。人们从来不知道，这里还有一株小小的百合，没有人欣赏它，赏识它。百合花暗暗鼓励自己，"我要开花，是为了完成一株花的庄严使命；我要开花，是由于喜欢以花来证明自己的存在"。就这样，百合花绽放出了洁白无瑕的花朵，一朵一朵……

在荒凉的山谷里，百合没有骄傲的姿态，却总是默默地给群山穿上春天的花衣；她没有美艳的身姿，却深情地热爱着她生长的大地；她没有顽强的生命力，但懂得在有限的生命里展现自己无限的美。为了使大山变得美丽，为了使人间闻到花香，为了使山河更加壮丽，她辛勤、努力地开放着，成为了一道光彩的风景线。

身在繁华都市，谁不想意气风发、叱咤风云？谁不想挥洒自如、轰轰烈烈？然青史留名者有几？辉煌的成功只属于少数幸运儿，绝大多数人只能默默无闻，过着平淡似水的平凡生活。既然如此，何不像百合花一样安于平凡，享受悄然开放时的美丽？何不丢下那份功名心淡泊地享受平凡的恬淡，看花开花落云卷云舒？

辉煌者自有辉煌者的成就，平凡者自有平凡者的风韵。

因为平凡，你可以不计较世俗的名利和纷争，远离尘世的喧嚣和是非，可以在春日的暖阳中睡个天昏地暗，可以在冬日的余晖里抱一本好书读个如醉如痴；因为平凡，你可以细品人生的酸甜苦辣，可以感受人生的悲欢离合。如果说超越平凡是人生的一种极致的话，那么享受平凡无疑是人生的一种境界。

的确，生命是一个过程，而生活是一叶小舟。当我们驾着生活的小舟在生命这条河中缓缓漂流时，我们的生命乐趣，既来自对伟岸高山的深深敬仰，也来自于对草地低谷的深切爱怜；既来自于与惊涛骇浪的奋勇搏击，也来自于对细波微澜的默默深思。无论轰轰烈烈，还是平平凡凡，都一样能展现人生的价值和精彩。

有一位学富五车、饱经沧桑的哲学家这样说："年少的时候，总觉得人生应该像大海一样波澜壮阔，才不枉走一生。但是经过几十年的风风雨雨之后，才恍然大悟：人生中精彩的事情占 5%，痛苦的事也占 5%，剩余的 90%则全部都是平凡。平凡是生活的本质，在淡淡中享受生命是最真实的姿态。"

平凡是生活的本质，是做人的常态，但是平凡绝不是平庸。平凡是一种真实和从容；更是一种雍容和品味。我们可以功不成、名不就，可以无过人之才，也可以无惊世之举，但我们可以在平凡中实现自己的价值，在平凡中张扬理想的风帆，在平凡中创造生命的辉煌，实实在在做人，脚踏实地做事……

有一位教授曾讲起过他的经历："通过多年的教学实践，我发觉一个奇怪的现象：有许多在校时资质平平的学生，他们的成绩大多在中等或中等偏下，没有特殊的天分，有的只是安分守己和诚实的性格，不爱出风头，默默地奉献。他们平凡无奇，但毕业几年甚至十几年后，他们却带着成功的事业来看老师，而那些原本看来有美好前程的孩子，却一事无成。这是怎么回事？"

老教授很是纳闷，常常暗自思索，最后他终于得出一个结论：成功与在校成绩并没有什么必然联系，而是和踏实的性格密切相关。平凡的人比较务实，比较能自律，比别人更努力，所以更多的机会就落在这种人身上。平凡的人如果加上勤能补拙的特质，成功之门必会向他大方地敞开。

由此，我们可以发现一个生活道理：于平凡中能产生无数奇人奇事，在普通处可孕育无穷大德大能。如果你觉得自己没有特别杰出的能力，那就尽可能地试着做一个平凡的人物，学会品味平凡，真诚地享受平凡，并做到持之以恒，这样的生活再平凡也是真切而充实的，而且你就是成功而了不起的。

融入银河，就安谧地和明月为伴照亮长空；没入草莽，就微笑着同清风染绿大地。做平凡人，持平凡心，干平凡事，享受平凡生活，是人生的一种快乐，也是人生的一种境界。在平凡中用心品味，平凡中的一草一木，平凡中的一人一事，总能让我们震撼并感动着，平凡的生活本身就是一个"大师"。

徐先生是一名艺术工作者，集戏剧、音乐、绘画创作诸才华于一身。很多人以为从事艺术工作的人通常都活得很绚烂，生活多彩多姿。然而十几年来，徐先生却偕同家人隐居山林，过着最简单、最朴素的生活。在他眼里，平常孕育着一切，包容着一切，一切都蕴涵在平常之中，他创作的灵感都来源于平凡的生活。

譬如，他每天起床后第一件事就是要查看水源。他沿着水流一路寻去，一直寻到尽头才发现，原来水源处只有一点点极其细微的水，完全不是一般人想象的水流湍湍的景象。他反思："任何一条大江、大河，都是汇集四面八方而来的水流，一点一滴才形成的。创作不也是如此吗?"清晨他与家人相伴相携着闲庭信步在林间，晚上则邀朋携友听风赏月，此时的心海是温润的，此时的心情是愉悦的，灵感自然就来了。

平凡像山野之侧的一泓清泉，人来人往，无人在意，只有渴了累了用它解渴洗脸时，你才会发现它的清冽和甘甜；平凡的日子，就像把一小撮龙井茶投入一口煮满开水的大锅，虽然味道平淡，却使人心游万仞，神驰八极……

走过了一座座山，中蹚过了一条条河，在经历了人生旅途不停地跋涉之后，我们依旧平凡，平凡得如同野外不为人知的百合花，但我们也要在平凡中享受平凡，扎根于脚下的这片土壤，默默开出自己的美丽，寻找人生的另一种精彩。

微笑的女孩最美

你会笑，你便美丽。

世界上有一种很美丽的语言，它不需要你夸夸其谈，更不需要你画蛇添足去粉饰，但它却能传递给别人最奇妙、最具杀伤力的阳光般的温暖，不仅能给生命带来春天般的温馨气息，更能融化冰雪般的悲伤。正如诗人雪莱所说："微笑是仁爱的象征，快乐的源泉，亲近别人的媒介。"

有一个穷苦的妇人，带着一个约摸四岁的女孩在逛街。走到一架快照摄影机旁，孩子拉着妈妈的手说："妈妈，让我照一张相吧。"妈妈弯下腰，把孩子额前头发拢在一旁，很慈祥地说："不要照了，你的衣服太旧了。"孩子沉默了片刻，抬起头来说："可是妈妈，我会面带微笑的。"

"我会面带微笑的。"小女孩的这句话听起来没有什么特别。可是在现实生活中，并不是每个人都能做到这一点。假如你在摄像机前也像那个贫穷的小女孩一样，穿着破烂的衣服，一无所有，你能坦然而从容地微笑吗？恐怕，很多人会怨天尤人，发牢骚，自怨自艾，甚至堕落放纵⋯⋯

然而，这一切并不会帮到你什么，只会让你的生活笼罩在痛苦和沮丧的迷雾里。与其这样，我们为什么不开阔心境，为何不快快乐乐地生活呢？即使在困境中，只要我们的脸上始终带着微笑，那么即使面前有多大的困难，我们也能迅速地迎刃而解，我们的生活也会充满灿烂的阳光。

"人，不能陷在痛苦的泥潭里不能自拔，遇到可能改变的现实，我们要向最好处努力；遇到不可能改变的现实，不管让人多么痛苦不堪，我们都要勇敢地面对，温和一点，宽容一点。用微笑把痛苦埋葬，才能看到希望的阳光。"这段话摘自颇有影响的作家伊丽莎白·唐莉《用微笑把痛苦埋葬》一书。

让我们一起来看看她的故事吧！

"二战"期间，在庆祝盟军于北非获胜的那一天，家住美国俄勒冈州波特南的伊丽莎白·唐莉女士收到了国防部的一份电报：她的儿子在战场上牺牲了。这是她唯一的儿子，也是她唯一的亲人，那是她的命运啊！伊丽莎白·唐莉无法接受这个突如其来的严酷事实，她痛不欲生，心生绝望，觉得人生再也没有什么意义，于是她决定放弃工作，远离家乡，然后找一个无人的地方默默地了此余生。

在清理行装的时候，伊丽莎白·唐莉忽然发现了一封几年前的信，那是儿子在到达前线后写给她的。信上写道："请妈妈放心，我永远不会忘记您对我的教导，无论在哪里，也无论遇到什么样的灾难，我都会勇敢地面对生活，像真正的男子汉那样，能够用微笑承受一切不幸和痛苦。我永远以您为榜样，永远记着您的微笑。"伊丽莎白·唐莉把这封信读了一遍又一遍，"是啊，我应该像儿子说的那样，用微笑埋葬痛苦。我没有起死回生的神力改变现实，但我有能力继续生活下去。"

后来，伊丽莎白·唐莉打消了背井离乡的念头，她再度开始工作，不再对人冷淡无情。同时，为了找出新的兴趣，结交新的朋友，她还参加了一个成人教育班。再后来，她打起精神开始写作，立足于自己的经历，著成了《用微笑把痛苦埋葬》这本书，一举成就了她作为一名出色作家的荣誉。

"用微笑将痛苦埋葬，才能看到希望的阳光。"这话说得多好啊！伊丽莎白·唐莉用微笑将痛苦埋葬，用希望代替了绝望，走过了艰难岁月，让快乐成为了生活永恒的格调。她的故事再一次启迪我们：微笑能将残酷的现实掩埋，用微笑去对待生活，那么生活也必然会对你微笑的。

有一位哲学家曾经说过："微笑对于一切痛苦都有着超然的力量，甚至能够改变人的一生。"这句话一点也没错，生命的意义与目的在于无限地追求快乐和避免痛苦。不管现实让人多么痛苦不堪，我们都不能陷在痛苦的泥潭里不能自拔，而应该保持一份微笑，用微笑埋葬痛苦。

寒梅无法选择季节，但却傲视冰霜；秋菊无法选择时令，却代秋天发言；人无法选择无痛的命运，那就学会微笑吧！微笑是一种心态，心态得益于修养；微笑是一种境界，境界依靠的是磨炼。真正懂得微笑的人，总是容易吹散郁积在心头的阴霾，获得比别人更多的成功机会，让生活井然有序地前行。

不论是《摩登时代》还是《淘金记》，在电影中永远扮演草根阶层的卓别林，面对挫折也好，幸运也罢，总是报之以一个憨厚淳朴的微笑，微笑成了卓别林的标志物。对于微笑，卓别林这样解释："微笑吧，即使胸口怀着伤痛；微笑吧，不管伤心往事在心中。当天空布满阴云，你都将渡过难关，只要你在恐惧与悲痛中微笑、微笑，也许明天，就能看到阳光普照。"

　　所以，当你觉得痛苦时，不妨微笑，再微笑，让所有的微笑在阳光里徜徉而行，不让任何微笑滞留在生命的罅隙处。你会惊喜地发现，心中的仓促和不安静止了，世界的大门为你敞开了，原来生活如此美好。在微笑里让自己的每一天前行，无畏无惧，这是岁月的使然，也是生命的必然。

第五章

用心追梦，圆满如约而至

　　没有梦的人生是安全的，但也是乏味的；有梦的人生是冒险的，但也是精彩的。世上本无路，只因有梦，你便走出了路。

你就是你

每个生命都不可复制。

每一个生命都以独特的姿态存在着，展示着自己独特的个性，彰显着自身独有的意义。然而，有些人却不懂得这个道理，他们亦步亦趋地效仿他人，希望自己能生活得像别人，结果呢？只会失去自己，得不偿失。

东施效颦的故事，我们大多都听说过。

春秋时代，越国之女西施美貌倾城。无论是她的举手投足，还是她的音容笑貌，样样都惹人喜爱，不管走到哪里都有很多人向她行"注目礼"。西施的邻居是一个名叫东施的丑女子，她相貌难看，却一天到晚做着当美女的梦。无论是在衣服方面，还是发式方面，她总是刻意地模仿西施，但是仍然没人说她漂亮。

西施患有心口疼的毛病，一天她的病又犯了，只见她手捂胸口，双眉皱起，反而流露出一种娇媚柔弱的女性美，更加楚楚动人了。当她从乡间走过的时候，乡里人无不睁大眼睛注视。见此，东施便学着西施的样子，但是手捂胸口的矫揉造作使她更难看了，人们看到她就像见了瘟神一般，远远地躲开了。

东施效颦为什么不惹人喜欢，惹人讨厌，就是因为她盲目效仿，把西施的形象生硬地搬到自己身上。或许东施本来不丑陋，但她因为扭曲自己的个性，一味地去模仿别人，丧失自我，惺惺作态，矫揉造作，终于搞成了一个什么都不是的丑女。

现代社会日新月异，快速的生活节奏和巨大的生活压力，使得很多人心变得迷茫，目标变得混乱，不知道自己是谁了。于是，一大批的现代"东施"出现了，他们盲目崇拜，简单模仿，喜欢跟风，就像墙头草一样，哪里风大哪里倒，一点自己的主见都没有，人云亦云，堪比附庸。

盲目地模仿别人，表面上看起来只是个人的性格问题，其实它会给你的生活、事业套上无形的枷锁。因为，你失去了信心，失去了用自己的头脑思索问题并作出人生抉择的能力，必定会失去自我，正如卡耐基的一句话："整日装在别人套子里的人，终究有一天会发现，自己已变得面目全非了！"

事实上，我们谁都是有自我价值和社会价值的，谁都有自己的独特特点。正如阿伦·舒恩费教授所说："对于这个世界来说，你是全新的，以前从没有过，从天地诞生那一刻一直到现在，都没有一个人跟你完全一样，以后也不会有，永远不可能再出现一个跟你完完全全一样的人。"

物有贵贱之别，人有美丑之分。上天造人各不同，人既有独特性，也有差异性，这是大自然的法则，也是大自然的规律。更重要的是，这种差异性也是大千世界丰富多彩之所在。倘若天下万物都是一般模样，人间大众都是一个形状，那么这个世界岂不是死气沉沉，如同朽木一般？

所以我们应该庆幸，我们是这个世界上独一无二的个体，我们有着其他人不具备的天赋和能力。所以，我们完全没有必要去羡慕别人，去嫉妒别人，更没有必要去模仿别人。所以，我们要保持自我，完善自我。只有如此，我们才能够活出一个真实的自我，捍卫自己独一无二的地位。

对于这个道理，库莎历尽波折才明白。

库莎的妈妈很守旧，她认为库莎一定要像自己一样贤惠，做一个传统意义上的家庭主妇。所以，库莎一直在跟着妈妈学习穿衣打扮，为人处世，但她总是觉得自己是不被人喜欢的。后来，库莎嫁给了一个比自己年长几岁的男人。婆家是个平稳而自信的家庭，他们的一切优点在她身上似乎都无法找到。库莎总想尽可能地做得像他们一样好，但她就是做不到，不是表现得太活跃，就是感到无比沮丧。她认定自己是个失败者，变得喜怒无常，甚至想到了自杀……

但是，库莎没有自杀，她反倒真的像变了一个人。这一切，都源于她与婆婆一次偶然间的谈话。婆婆谈到自己带孩子的经历时，对库莎说道："无论发生什么事，我都让他们坚持做自己。""坚持做自己"——终于，库莎从困境中明白过来，原来自己一直都在勉强自己去做一个自己并不太适应的角色。

看到了吧，库莎刚开始之所以活得不够坦然，就是因为她从小跟着妈妈学习穿衣打扮、为人处世，后来又总想尽可能地像婆家人一样，一直在做自己并不大适应的角色。之后她坚持做自己的一系列表现，都是强化自我价值的举动，当她找到自我价值时，她的自信自然就有了，生活也就安然了。

你就是你，没人能够代替你，你也无法替代别人。即便你模仿得很像，那也是别人的荣誉，而不是你的。只有充分认识到自己独一无二的地位，才有可能获得最大程度上的信心，进而活出一个真实的自我。"天生我才必有用"、"吾辈岂是蓬蒿人"等千古名句阐释的也正是"人各有才，坚持自我"的道理。

　　相信自己就是最棒的，敢于展示真实的自己，而不是刻意地去模仿别人。也许你没有漂亮的脸蛋，但是你有优美的嗓音；也许你没有窈窕的身材，但是你有一颗善良的心灵。总之你是独一无二的，是无可替代的。尊重上苍给你的才能，这才是真正适合你的，也才是只属于你的美丽！

春天里的梦

在春天做梦，在秋天收割。

天地之大，你是不是却深感无一处可供安心之所；时常感到没有精神，身心疲惫不堪；感觉生活就像一潭死水，无聊枯燥，看不到希望的循环往复！为什么？没有梦想！没有梦想的人就犹如在迷雾中失去了方向，无法了解自己身处何方、该往何处，所能感受到的是无边的恐惧和迷茫。

这绝对不是危言耸听！梦想是什么？梦想是一个人内心里对人生、对自己的一种希望，因为梦想的存在人会奋发向上，积极追求。任何东西也取代不了梦想在一个人精神世界中所占据的分量，取代不了它带来的精神愉悦。没有梦想，或者说失去了追求梦想的心，生活是枯燥的、空虚的。

对此，周国平曾这样说过：一个有梦想的人和一个没有梦想的人生活在完全不同的世界里。如果你与那种没有梦想的人一起旅行，一定会觉得乏味透顶。一轮明月当空，他们最多说月亮像一个烧饼，压根不会有"明月几时有，把酒问青天"的豪情；面对苍茫大海，他们只看到一大滩水，绝不会像安徒生那样想到美丽的海的女儿……

怀揣梦想，严肃而认真地去面对它、实践它，让生活富有情调和意义，还是忽略或丢弃梦想，追求每天的安安稳稳，甘于现状，麻木不仁，让生活没了别的色彩？每个人都有自己的想法，有自己的追求。当我们做出决定的那一刻，命运也就注定了！功成名就者与碌碌无为者的主要区别正在于此。

　　一个真正善待自己的人，无论生活多么烦琐，处境多么艰辛，永远都会为自己编织华美绮丽的梦想，善待自己的梦想，追求自己的梦想，并用梦想陶冶自己的情操，润色自己的生活，将灰色的现实加上粉色的底片。无疑，这种人是懂得生活乐趣的，他们的生活也会是光彩熠熠、多姿多彩的。

　　下面，我们来分享一个故事。

　　特莱艾·特伦恩特 1965 年生于津巴布韦，她只上了一年小学便被父亲打发回家，帮助家里做家务，并供哥哥上学。特莱艾有一个梦想，就是受教育的渴望。因此，每天哥哥放学，她总是迫不及待地翻看哥哥的课本，帮助哥哥做功课。小学老师知情后，恳求特莱艾的父亲让她回校，然而父亲不为所动，并在特莱艾 11 岁时将她嫁了出去。

　　一晃十几年，特莱艾已经是五个孩子的母亲，年过三十依然贫困，更糟糕的是她的丈夫是一位艾滋病患者，常常毒打特莱艾。但是，特莱艾并没有放弃受教育的渴望。正在此时，一个国际援助组织的志愿者团队路过她居住的村庄，特莱艾向带头的一位志愿者乔·拉克道出了自己的梦想。有幸的是，乔·拉克女士并没有笑看特莱艾这"荒谬透顶"的梦想，而是说了一句鼓舞人生的话——只要你有梦想，你就能实现。

千里之行，始于足下，特莱艾从为国际援助组织工作开始，攒下工资攻读函授课程，从小学课程一直补到高中，并被美国俄克拉荷马州立大学录取入进本科学习。特莱艾家里卖牛，邻居们卖羊，凑了4000美元，特莱艾路上了求学之路。她在持续的贫穷和疲累等种种困难中完成学业，直到2009年在美国密执安大学获得哲学博士学位，现在她是国际援助组织担当项目评估专家。

自幼辍学，操劳家务；年幼嫁人，生活贫困；忍受着身患艾滋病丈夫的家庭暴力，特莱艾还能有多少人生追求、人生梦想和学业成就？可在这种种打击下，特莱艾始终铭记自己的梦想，没有放弃受教育的渴望，并且为之奋斗。最终，她的命运得到了转机，生活掀开了新篇章。

梦想是一种挥之不去的感觉、挥之不去的潜意识，是深藏在人们心灵深处最强烈的渴望。它像一粒种子，种在"心"的土壤里，尽管它很小，却可以生根开花。平凡简单的生活，并不意味着失去精彩。坚持自己的梦想，人生的精华就在此刻浮现。

梦想，给人们带来希望、光明和心灵的洗涤。每一次扬起风帆去远航，难免都会有阻挡，只要有梦想在鼓掌，未来就充满着希望；每一次张开翅膀去飞翔，难免都会受伤，只要有梦想在激励，未来就承载着希望。

还记得《牧羊少年的奇幻之旅》中所说的一句话吗？——"当我真心在追寻着我的梦想时，每一天都是缤纷的。因为我知道每一个小时，都是实现梦想的一部分。一路上我都会发现从未想象过的东西。如果当初我没有勇气去尝试看来几乎不可能的事，如今我就还只是个牧羊人而已。"

你有多久没梦想了？你的梦想是什么？还记得吗？让我们种下一颗梦想的种子，并细心呵护，即使残酷的现实想要把它连根拔起，我们也不能屈服、不能放弃。终究，它会成长为参天大树，静谧又安详。

心碎一地

心碎便心碎，我可以重新生长。

想谋求某个职位却屡屡不能得到；想发挥才能却没有条件、无人识才；经过大量努力、做了很多工作，却不能达到目标……生活中几乎每一个人都经历过诸如此类的失败，不少人会为此哭泣、抱怨、悔恨和惋惜，并且会在很长一段时间都难以从失败的阴影中解脱出来，甚至灰心丧气，一蹶不振。

其实大可不必，失败的滋味虽然使我们不好受，但是经受失败没有什么大不了，因为失败也并不是那么可恶，甚至失败也有很积极的一面。正所谓"吃一堑，长一智"、"失败是成功之母"，成功与失败总是并肩携手的，谁也离不开谁，我们不能只垂青成功，也要学会感谢失败，学会微笑以对。

被誉为"光明之父"、"发明大王"的托马斯·爱迪生，对于失败有着自己独特的理解，他说："每个人或多或少都经历过失败，因而失败是一件十分正常的事情。你想要取得成功，就必得以失败为阶梯。换言之，成功包含着失败。"

在研制白炽灯时，爱迪生遇到的最大困难是要寻找到灯丝的材料，他先用炭化物质做试验，失败后又以金属铂与铱高熔点合金做灯丝试验，共1600种不同的材料试验，结果均告失败。

有人问爱迪生："你已经失败了上千次，为什么还要继续试验？"爱迪生回答："失败？没有啊?！我只是知道了哪些材料不能做灯丝而已，每失败一次我就向成功又迈进了一步。"爱迪生将这些"失败"丢到脑后，继续坚持研究，最终成功研制出世界上第一枚电灯，给人类带来了光明。

"每失败一次我就向成功又迈进了一步"，可见失败并不可怕，关键在于把失败当作试金石，积极地面对失败，善于从失败中学习，不断地总结失败的教训。这样，我们就能不断提高和完善自己，变得聪明，变得坚强，变得成熟，变得完美，完成一次次难得的自我蜕变，进而更好地表现和证明自己！

英国《泰晤士报》前总编辑哈罗德·埃文斯曾说过这样一段话："每个人或多或少都经历过失败，关于失败，我想说的唯一的一句话就是：失败是有价值的。面对失败，正确的做法是：首先要勇于正视失败，找出失败的真正原因，树立战胜失败的信心，然后便忘掉关于过去失败的一切，以坚强的意志鼓励自己一步步走出阴影，走向辉煌。你想要取得成功，就必得以失败为阶梯。"

尝试——失败——分析原因、总结经验——再尝试……每经历一次失败，就会多一次收获。所以，遭遇失败的时候，我们更应该扪心自问一下："我为什么会遭遇失败"、"我应该如何做才能将失败的损失降到最低"、"我能够从这次失败中学到什么"、"下次遇到这样的事情我应该怎么做"……

就拿身边的平凡小事说：做错了一道数学题，好好地分析总结一下，想办法从"做错了"的失败中得到经验，也就是解题的方法，下一次不就会了吗？做饭的时候，这次盐放多了，下次就少放点儿；这次盐放少了，下次就多放点儿，反复几次不就能烧出一手不咸不淡的好菜了吗？

在成功面前，失败的次数不定。可能是一次两次，也可能是几十次，甚至成百上千次。谁都不知道下一次成败与否。这样说来，失败难道不是个磨炼意志的机会吗？倒了，站起来；再倒，再站起来……在不断的跌倒站起中，我们渐渐具备了毅力，谁能说有毅力是坏事？你能做到，成功便不远了。

22岁，做生意失败；23岁，竞选州议员失败；24岁，做生意再次失败；25岁，当选州议员；28岁，竞选州议长失败；31岁，竞选入围失败；34岁，竞选国会议员失败；37岁，当选国会议员；39岁，国会议员连任失败；46岁，竞选参议员失败；47岁，竞选副总统失败；49岁，竞选参议员再次失败；51岁，当选美国总统……

这个人就是林肯，是公认的美国历史上最伟大的总统。他，就是在一次次的失败中，一次次地崛起，一步步地走向成功的。换句话说，林肯之所以是伟人，就是因为他经历了比我们更多的失败，从中吸取了更多的经验教训，而且他在此期间锻造的钢铁般的意志，足以征服任何事情。

的确，谁也不能把你打倒，能打倒你的只有你自己，人生的成败全系于自己的抉择。人生不在于跌倒的次数有多少，只在于总是比跌倒的次数多站起来一次；不在于有没有遭遇失败，只在于决不被失败击倒。这正如海明威所说："世界击倒每一个人，之后，许多人在心碎之处坚强起来。"

感谢失败，因为有失败，才有反思；感谢失败，因为有失败，才有历练；感谢失败让人告别天真，告别痴狂，告别鲁莽；感谢失败，让人成熟，让人理智，让人坚强，让人完美。失败是一个驿站，累了休息好，是为了下一段旅程的开始。回首成功这条艰难的路，真的要说一声："失败，谢谢你！"

99%的汗水

成功的奖杯上，镶嵌的不是钻石，是汗珠。

事例一：

苏格拉底是古希腊著名的哲学家，有不少学生曾经拜师于他。一天，苏格拉底给学生们出了一道简单的考题：每天甩臂300下。一年以后，当苏格拉底问及谁坚持每天做甩臂运动时，只有一个学生孤零零地把手举了起来，这个学生叫柏拉图，他后来成了古希腊又一位伟大的哲学家。

事例二：

有一次，有人问小提琴大师弗里兹·克赖斯勒："你怎么演奏得这么棒，是不是运气好？"弗里兹·克赖斯勒微微一笑，回答道："这一切都是练习的结果。如果我一个月没有练习，观众能听出差别；如果我一周没有练习，我的妻子能听出差别；如果我一天没有练习，我自己能听出差别。"

这两个故事告诉我们一个道理：每一种成功的背后，都有不为人知的心酸，但每一种成功也都有个共同的秘诀，那就是坚持。如果怕苦怕累，没有恒心和毅力，两天打鱼三天晒网，到头来只能一事无成。

的确，成功不是一件容易的事情，往往需要一个漫长的过程，我们必须要有坚持不懈的劲头，坚持是解决一切困难的钥匙。打个形象的比喻，精美的金子不是生来就闪耀的，有被埋藏旷野被泥沙淹没的时候。唯有坚持不懈地打磨和历练，金子才有可能发出炫目的光芒。

在这个世界上，平庸的人和杰出的人的不同之处就在于能否坚持。美国纺织品零售商协会曾经做过一项研究，结果显示："48％的推销员找过一个人之后不干了；25％的推销员找过两个人之后不干了；12％的推销员找过三个人之后继续干下去，而80％的生意是这12％的推销员做成的。"

也许你会说："我一直都想成功，也试过了很多次，但一直都没有好的结果。"很多次是多少次？上百次，几十次，还是只有几次？成功的道路太艰难，路途太坎坷，而坚持不懈意味着一直坚持下去。有时候，往往成功离我们只有一步之遥，然而坚持者胜利了，动摇者退缩了，给自己留下终身遗憾。

有一幅漫画是这样的：一个人想挖一口井取水，他前前后后总共挖了5个洞，却都没有找到水。前三个洞所挖的深度，一个不如一个，第四个洞是当中最深的，离地下水仅有咫尺之遥。而最后一个洞眼看就要挖到水了，只要再坚持一下就能够挖到水，但是他似乎再也没有心思挖下去了，扛着铁锹离开了。挖了那么多的洞，却都没有一个能够坚持挖下去，怎么可能挖到水呢？若这个人有坚强的意志，能够坚持不懈继续将洞打通成井，那么他可以少花几倍精力，而且又能找到水，获得成功。

事实上，那些功业彪炳千秋的伟人，在受过别人无数次的否定和质疑时，丝毫不会舍弃自己的人生目标，他们的意志力更强一些，坚持力更久一些，并朝着这个目标不断努力，因此最终都取得了成功。这正如丘吉尔所说："我的成功秘诀有三个：第一是，决不放弃；第二是，决不、决不放弃；第三是，决不、决不、决不能放弃！"

有一位郁郁不得志的年轻美国人，他穷困潦倒极了，身上全部的钱加起来都不够买一件像样的西服，但是他有一个梦想，那就是当一名演员。于是，年轻人来到了好莱坞，找明星、找导演、找制片……找一切可能使他成为演员的人请求，但他一次又一次被拒绝了，有人说他长相不够英俊，有人嫌弃他没有接受过任何专业的表演训练……总之，人们说他不具备做演员的条件。

一晃两年过去了，年轻人还是没有如愿当上演员，但是他没有因此而气馁，"既然不能成功当演员，能否换一个方法？"他想出了一个"迂回前进"的方法——写剧本，待剧本被导演看中后，再要求当演员。当时好莱坞共有500家电影公司，他带着自己的剧本去拜访所有公司。三轮的拜访，1500次的拒绝，足以耗费一个普通年轻人所有的热情与激情。但他并不是普通的年轻人，他决定开始第1501次的拜访。

终于，在第四轮拜访第350家公司的时候，奇迹出现了。一个曾经多次拒绝过他的导演感动了，同意投资开拍他的剧本，他也据此争取到了一个男主角的机会。为了这一刻的到来，年轻人已经作了充足的准备——他成功了！这部电影就是之后红遍全世界的《洛奇》，而这位年轻人即席维·史泰龙。

史泰龙之所以能成为众人所知的巨星，正是因为他的坚持，耐心地开始下一次拜访，坚持，坚持，再坚持。假设在第三轮之后，他就停住了第1501次的拜访，那么现在还有这个巨星吗？还有他参与的电影佳作吗？他还能成就自己的演员梦、电影梦吗？相信你我心中都有答案。

成功＝99%的汗水＋1%的机遇和天才，只有坚持不懈的努力才能取得成功。

"骐骥一跃，不能十步；驽马十驾，功在不舍。"如果你现在还没有发现机遇，还没有有所成就，那么不妨问一问自己"我坚持了吗"，然后提醒自己坚持不懈地去努力，并且坚持，坚持，再坚持，付诸持之以恒的努力，相信是金子总会发光的！这个成功原则可用，而且永远适用。

让花瓶栽满花香

开在花园的花，渴望回家。

"等到我买房子以后，我就买几件漂亮衣服，现在买有些太破费了"；

"等我最小的孩子结婚之后，我就可以松口气，来场国外旅行啦"；

"等我把这笔生意谈成之后，我会准备一顿美餐，好好犒劳自己"；

……

人们似乎都很愿意牺牲当下，去换取未知的等待；牺牲今生今世的辛苦钱和时间，去购买后世的安逸。殊不知，人生是由时间构成的，而时间是无法储存、无法珍藏的。人生错过了，也就错过了，失去的便永远不再。

我们先来看一个寓言故事。

从前有一个富翁，他家地窖里珍藏着很多葡萄酒，其中一坛品质上乘、历史悠久的被深埋于地，这只有他知道。州府的总督登门拜访，富翁提醒自己："不，不能开启那坛酒，这酒不仅仅为一个总督启封。"国王来访，和他同进晚餐，但他想："国王不懂这坛酒的价值，喝这种酒过分奢侈了"，甚至在他儿子结婚那天，他还自忖道："不行，不能拿出这坛酒，要等待最重要的时刻才可以。"

随着时间的流逝，富翁地窖里的葡萄酒被喝了一坛又一坛，唯独那坛葡萄酒没有人动过。有一天富翁死了，下葬那天地窖里所有的酒坛都被搬了出来，除了那一坛陈年老酒，因为没有人知道它埋在哪儿。就这样，这坛酒依然被深埋在地下，一年又一年，也没有人知道它的味道有多醇香……

看到了吧，美丽的东西不享用它，平白冷落，便是一种糟蹋。将希望寄予等到方便的时候才享受，我们不知会错过生命中多少美好的东西，失去多少可能的幸福，这就像没有在最适当的时候去做适当的事情，想起来，都是一种遗憾。

还记得一首名为《我要去桂林》的流行歌曲吗？"我想去桂林呀，我想去桂林，可是有了钱的时候我却没时间……"口袋没钱的时候，我们有的是时间，可一旦口袋里装满了钞票，时间又没有了，也许这就是很多人无法遂愿的主要原因吧！其实这也完全是我们生活的真实写照。

一个80岁的老人写了一篇文章，文章大概是这样的。

在我的一生里，我必须是贴心的女儿、温柔的妻子、慈祥的母亲、勤劳的员工，我每天都在为了这些事情忙碌，而一刻也停不下来。直到现在，生命将灭，当我不得不停下来时，才深深地意识到，我还有很多事情没有做，有很多话来不及说，很多东西都还没有吃过……这实在是人生的失败和遗憾。

如果我能重活这一生，我要享有更多那样的时刻——每一刻、每一分、每一秒。如果一切能重来，我要做什么呢？我会在早春赤足到户外踏春，在深秋里买自己喜欢的呢大衣，我还要去游乐园坐几次旋转木马，多看几次日出，跟朋友们一起欢笑，只要人生能够重来。但是你知道，不能了……"

或是因为太过珍贵，或是因为有重大纪念意义，人生中有些东西值得珍藏，但有时候及时"消耗"，反而比珍藏更有意义。譬如，一瓶好酒，和家人、朋友坐在一起品尝它，大家一起津津乐道地赞美它的醇香与它的美妙，远远要比把它独自藏起来的意义更深远，反而更给生活添加光彩。

的确，人生就像是一张支票，是有期限的。很多东西生不带来死不带去，如果不在规定的期限内用尽，你将再也没有机会了。与其等着死后白白地浪费掉，还不如现在开开心心地享受一把。生命只在一瞬间，花开堪折直须折。美丽的东西只有在用的时候，才能更见其光华。

有一次，意大利记者吉阿提尼访问俄罗斯著名钢琴家安东·鲁宾斯坦。告别时，鲁宾斯坦热情地送给吉阿提尼一盒他最喜欢抽的雪茄。

吉阿提尼很是激动，说："我要好好地把它们珍藏起来。"

"千万不可，"鲁宾斯坦回答，"你一定要现在把它们抽掉。这些雪茄美妙如人生，人生是不能保存的，你一定要尽量享受它。要知道，没有爱和不能享受人生，生活就没有了任何的乐趣。"

"人生是不能保存的，我们要尽量享受它。"鲁宾斯坦实在是一个智者！

享受人生，正如法国作家蒙田所言，是至高神圣的美德。亚历山大大帝在短短13年中，以其雄才大略东征西讨，建立了一番霸业。尽管如此，他也视享受生活乐趣为自己的正常活动，而把自己的叱咤风云的战争生涯看作非正常活动。

　　人生苦短，不要想得太多，想做就做，想吃就吃，想爱就爱，学会慷慨地及时行乐，及时采撷生命意义的花朵，及时享受身边的美好事物吧。这样，我们就会感受到生活的美好，生命的可留恋。在有生之年，我们可以很满足地对所有人说：我努力过，我也享受过，我的人生没有遗憾。

黑桃 A 的自信

自信是每个人对自己的透彻理解。

"嗨，我算老几呀？"我们不难听到这样一句发自肺腑的话。在这些说话人的心中，站在自己前面的人太多了，自己真的不知道是第几。尤其是看到那些光鲜亮丽的人，总觉得自己如丑小鸭一般，绝不可能有成功的机会。可是，你想过没有——一个连自己都不知道是第几的人，又有谁会看重他呢？

事实上，看轻自己的人，无论对待什么事情都没有自信，这等于藐视自己的能力，这也是对自己的一种"侮辱"。因为，这个世界上不存在绝对不可能的事情，能否成功，关键在于是否能够发挥自身潜能。如果你希望活得快乐，活得安然，就要学会相信自己，相信自己就是第一！

看一下下面这个故事，相信你会明白为什么自信那么重要。

小时候，基安勒随父母移居到美国，由于家境贫困，过着悲惨的童年生活，痛苦和自卑也成为他的不良的印痕。有一天，他忍不住质问父亲为什么他们会这么穷，他那碌碌无为的父亲告诉他："认命吧，孩子，你将一事无成。"这个说法令他十分沮丧，他不知道自己的出路在何方。直到有一天，母亲告诉基安勒："你要永远记住，世界上没有谁跟你一样，你是独一无二的。"母亲的话燃起了基安勒心底的希望之火。从此，他认定自己就是第一，没人比得上他。

当第一次去应聘时，基安勒没有交出自己的名片或者简历，而是递上一张黑桃 A。黑桃 A 在他们的国家代表了最大和最强。当时，老总怔了一下，然后直盯着他的眼睛，问他："你是黑桃 A？"

"没错。我就是黑桃 A！"基安勒也注视着老总的眼睛。

"为什么是黑桃 A？"老总的目光有些咄咄逼人了。

"因为黑桃 A 代表第一，而我刚好是第一。"基安勒迎着老总的目光，毫不回避。

就这样，基安勒被录用了。

之后，基安勒每天睡觉前都要重复几遍说："我是第一，我是第一。"日复一日，这种鼓舞性的暗示坚定了他的信念和勇气。他成功了，而且是真正的世界第一。他一年推销 1425 辆车，创造了吉尼斯纪录。

基安勒为什么能够从一个默默无闻的穷小子一跃而为世界富翁？秘诀就在于自信，是自信贯穿于他的事业，奠定了他成功的基础。你敢不敢像基安勒那样对别人大声地说"没错，我就是黑桃 A"、"我是第一"？

分析许多人失败的原因，不是因为天时不利，也不是因为能力不济，而是因为自我心虚，怀疑自己的能力，总觉得自己这也不是，那也不行。马克思说："伟大人物之所以看起来伟大，只是因为我们自己在跪着看他。站起来吧！"自卑正是使你下跪的原因，而跪着的你，并不是你真正的高度。

是啊，站起来吧！不论出身优劣，才干大小，天资高低，成功都取决于坚定的自信心。无论何时，相信自己的能力，相信自己最棒，相信"我是黑桃A"！不管能否成为现实，在意识里播种"我是第一"的信心，这样，我们的个性就会真正成熟起来，我们的能力就能得到最大限度的发挥。

世界上本没有什么倚仗魔力便获得成功的人，谁也不是天生的伟人。开始时，其实所有人都在同一条起跑线上，只是那些成功的人总是愿意相信自己，先坚定自己必胜的信心，并主动展现自己的能力，最终取得辉煌的成就。这正印证了爱默生的一句名言："相信自己'能'，便攻无不克。"

从20世纪初开始，无数人都渴望完成一个看似不可能完成的目标：在4分钟内跑完1英里。1945年，瑞典人根德尔·哈格跑出4分01秒4的成绩，此后的八年里没有人能够超越他创下的成绩，而且所有人都认为自己做不到。

在这沉寂的八年中，就读于牛津医学院的罗杰·巴尼斯特却始终梦想着突破四分钟极限，他是个不服输的人，也坚信自己能够做到，他不停地提高跑步速度。终于在1954年，罗杰·巴尼斯特超出了所有人的意料，跑出了3分59秒04的成绩，打破了关于"极限"的概念，书写了新的世界纪录。

面对八年无人打破的"极限"，巴尼斯特与常人不同的是，他多了一份"我能够成功"的积极信念，这促使他不停地提高跑步速度，最终得偿所愿。试想，如果巴尼斯特内心的信念是虚弱的，潜意识中认为自己不行，无法超越纪录，那么即便他具备了能力，恐怕也会因为不自信而真的不行。

当然，"我是黑桃A"不是夜郎自大、得意忘形，更不是毫无根据地自以为是或盲目乐观，而是说：在无人为你鼓掌的时候，给自己一点鼓励；在无人安慰自己的时候，为自己擦掉泪滴；在自惭形秽的时候，给自己一点自信。认识到自己的价值，就不会随意地贬低自己，也不会感到压力重重。

下次，假如有人问你："你是不是第一?"你该怎样回答？如果你渴望成功，并且意识到需要在头脑中播种争当第一的信念，就回答："当然是第一!"为什么一定是第一呢？很简单，因为你本来就是第一。在心里多念几次，慢慢地你会发现，自己真的很棒了！人生也变得更美好！

第六章

陪伴心声，走一段最美妙的路

　　心眼是劳累的，心耳是温柔的。在静心聆听中，听懂
了别人，听到了自己，悄然无声，却美妙绝伦。

听懂孩子的"叽叽喳喳"

孩子的心，你要听懂。

大多数年轻父母对孩子在生活上十分关爱，可是当孩子遇到什么问题，渴望诉说时，父母们却总是忙着做其他的事情，心不在焉，稍不如意就不让孩子把话说完，轻则斥责，重则打骂，而不去了解其中的缘由。

殊不知，父母这样的做法往往容易导致孩子出现性格孤僻、不擅长与人交流、没有主见等问题。一份调查显示：80%的儿童心理问题和家庭有关，特别是与父母对孩子的教养和交流沟通方式不当有关。这是为什么呢？

孩子是一个独立的个体，随着年龄的增长，他们的思维一直在向大人靠近，他们开始独立地思考遇到的每一件事，并逐渐对大人世界的事产生了自己的想法和观点，孩子主动和父母谈到自己的事情，是对父母的信任和依赖，是想从父母那里得到解答和安慰，这是一种高层次的精神需要。

这时，父母如果拒绝倾听孩子，忽略或压制孩子的想法，无疑会挫伤孩子独立思考的积极性，孩子会有严重的失落感和缺乏交流的压抑感，以后有了自己的想法也不敢说出来，害怕被拒绝、被批判和嘲笑，久而久之他们就会变得沉默寡言，身心变得不健康。而当孩子把自己的话埋藏在心里时，做父母的就很难知道孩子的所思所想，以致双方互不信任，产生对抗情绪，沟通困难。

要想避免上面提到的种种不良后果，身为父母者就要留一些时间给孩子，做孩子的听众，倾听孩子的心声。这不会浪费你多少时间，而你又多了一个了解孩子、教育孩子的机会。孩子在成长过程中，需要父母陪伴，也需要指导，你可以根据孩子说的话进行有针对性的教育，孩子理解有偏差的地方，你可以纠正；孩子看法片面的时候，你予以补充。这样，孩子各方面能力都能得到提高，何乐而不为呢？

倾听，是父母与孩子心灵沟通的一座桥梁，它不仅是一种对孩子的尊重、同情和爱护，而且也是一种与人为善、慈悲为怀的做人态度。当父母愿意做孩子的听众，倾听孩子的心声，能够耐心倾听他们的话语，了解他们的意见或问题，在通往孩子的心灵之路上就架起了一座爱的桥梁。

德国教育学家卡尔·威特就曾这样说："我认为倾听是一种非常好的教育方式，因为倾听对孩子来说是在表示尊重，表达关心，也促使孩子去认识自己的能力。如果孩子感到他能自由地对任何事情提出自己的意见，而他的认识又没有受到轻视和奚落，他就变得毫不迟疑，无所顾忌地发表自己的意见，先是在家里，后是在学校，将来就可以在工作上，自信勇敢地正视和处理问题。"

那么，父母如何做好孩子的听众呢？

·给予孩子足够的时间

身为忙碌奔波的都市人，我们每天有做不完的工作，或者应付不完的事情。但是，当孩子主动和你表达自己对某个人或每件事的想法和观点时，无论你手头在忙什么，最好停下来，给予孩子足够的时间，告诉孩子："我很想了解你的想法，我们一起聊聊。"然后耐心地倾听孩子吧。

当然，如果你当时确实没有时间，你可以说："我必须把手头上的工作做完，但是我们可以聊上 15 分钟。"你也可以和孩子约一个时间，下次再谈，比如这样说："我现在很忙，但是我们可以在你睡觉前好好谈谈。"最重要的是你要做出某种暗示，你对孩子很关心，认可孩子的感情。

·不要打断孩子的讲话

一名记者一天访问一个 5 岁小男孩，问他："你长大后的理想是什么呀？"小男孩天真地回答："我要当飞机的驾驶员！"记者接着问："如果有一天，你的飞机飞到高空，可是所有的引擎都熄火了，你会怎么办？"小男孩想了说："我会先告诉坐在飞机上的乘客绑好安全带，然后我带上降落伞跳出去。"

听到这里，周围的大人们纷纷指责小男孩真自私，只顾自己不顾大家。男孩听了似乎很委屈，两行热泪夺眶而出。记者继续注视着这个孩子，问他"为什么你要这么做？"男孩说："我穿上降落伞不是去逃命，而是去找一架油多的飞机，让它把多余的油给我们的飞机加上。这样，大家就得救了。我还要回来！"

这位记者鼓励小男孩把话说完，了解到了小男孩内心真挚的想法，这就是"听的艺术"。听孩子的话不能只听一半，而要耐心地等他把话说完，千万不要没等孩子把话说完，就"以大人之心度孩子之腹"，主观地做出判断，以免误解孩子，错怪孩子。这个故事，父母应常常拿出来扪心自问："今天，我听完孩子的话了吗？"

·听懂孩子的"潜台词"

由于语言能力有限，也许是出于害怕或是别的一些原因，孩子在与父母沟通时并不总是把他们的想法或需求表述得清清楚楚，直截了当，他们也许会采用一种委婉含蓄的表达方式向父母暗示。因此，父母在倾听时一定要细心，要注意孩子没有明说出来的事情，学会听懂孩子的"潜台词"，这样你才能更好地了解孩子的内心想法，才能促使你和孩子的沟通更加顺畅。

比如，如果孩子回家后对你说："妈妈，今天老师表扬王欢了。"你的反应可能是：老师为什么表扬王欢没有表扬你，你要向王欢学习啊……这就是没有理解孩子的真正意思，还容易激化孩子的不快。孩子讲这件事的目的只是想表达一下他的情绪，希望得到一些安慰和鼓励，为此你不妨这样回应："哦，是吗？王欢是你的好朋友，她受到老师的表扬，你替她高兴？你表现得也很好，老师没有察觉到，是吗？"

总之，孩子虽然小，但他们也有独立的人格尊严，有表达内心感受、阐述自己看法的自由，而且孩子向父母敞开心扉的程度完全取决于父母倾听他们谈话的态度。做好孩子的听众，倾听他们的心声，理解其心情和感受，也就踏出了引导孩子们走向自立的第一步，你的子女教育将更高效，更成功。

有父母唠叨，真好

父母的爱，浸泡在唠叨里。

父母常在儿女的面前唠叨个不停："天气凉了，当心身体""难得找到一份合意的工作，你要好好干啊""听说你找了个对象，带来让家人看看""不可以抽烟、喝酒"……年轻人呢？大多数对于父母的唠叨不胜其烦，总在三心二意地听着，阳奉阴违地做着，且为此心烦意乱。

曾经看到关于一对父子的故事。

年迈的父亲和儿子一同在花园里乘凉，树枝上一只小鸟唧唧喳喳叫个不停。父亲问儿子："儿子，那是什么？"儿子说："一只麻雀。"过了一会儿，父亲又问："儿子，那是什么？""一只麻雀"，儿子放大了音量。然而，过了一会儿，父亲又问出了同样的问题。"那是麻雀，听到没有，麻——雀！"有些不耐烦的儿子大声喊道。

父亲没有再说话，掏出一本发黄的日记，轻声念道："今天我陪儿子在树下做游戏，一只小鸟在树上唧唧喳喳。儿子兴奋地问我：'爸爸，那是什么？'我说那是一只麻雀。过了一会儿，儿子又问'爸爸，那是什么？'我又告诉他，那是一只麻雀。也许那只麻雀太可爱了，儿子一直看个不停，于是也就一直问个不停，一共问了25遍。每次我都耐心地告诉他，我希望他能记住。"

听了父亲的描述，儿子泪流满面："爸爸，原谅我！"

面对生活和工作上的压力，都市人背负了太多沉重和无奈。有时候父母的唠叨确实让我们觉得心烦，但是小时候我们也曾这样"烦扰"过父母，而父母却不厌其烦地一遍一遍满足了我们。那么，我们是否应该如当年的他们，那么在意地、用心地倾听重复的话，倾听他们心中的声音呢？

唠叨，或许是他们的一种生活习惯，或许是他们对儿女的一种惦念，或许是他们与我们交流的一种方法，亦或许这是他们认为能为我们做的最直接的事。不管他们的唠叨有多久，每一句唠叨都是为了我们好，是亲情的流露，是情感的释放，是爱的一种表达。所以，我们不应嫌弃与疏远，而应抱着感恩包容之心，理智谦和之态，善待父母的唠叨。

更何况，父母的话语都是经验之谈，是数十年人生积攒下来的人生道理。每个父母都是抱着望子成龙、望女成凤心态的，希望我们少走不必要的弯路。而我们，作为子女，不是应该努力去实现他们的期望吗？古语说得好，"有则改之，无则加勉"，只要我们能够努力做好自己，面对生活工作中的种种困难完全能够应付，让父母找不到担心的理由，那么父母就会以我们为傲，唠叨也就不会很多了。

当然，倾听父母的最好方式是听听他们的人生故事，问他们的一生曾经发生过什么，他们心中有什么愿望，哪些愿望实现了又还有哪些遗憾等。"你知道父母喜欢吃什么？"这是一个非常简单的问题，但是你能说出来吗？你是否曾经倾听过父母的需要？你是否真的了解父母？

一天，一位小学老师问孩子们："你们知道父母喜欢吃什么吗？"孩子们想了很久都想不出来。老师又问："那父母知道你们喜欢吃什么吗？"孩子们的愁容顿时一扫而空，兴奋地举手说："知道！他们知道我最喜欢吃这个，他们知道我喜欢吃那个……"一连串数出十多种。老师又问："为什么父母知道那么多你们喜欢吃的，可是父母喜欢的你们一样也不知道，这样对父母公平吗？"

比尔·盖茨曾说过："在没有你之前，你的父母并不像现在这样乏味。"的确，在没有我们之前，父母有自己的梦想，因为我们的出生，他们不得不去拼搏，不得不去放下心中的梦想。父母也渴望着孩子的关心，他们一生的艰辛希望有人倾听，他们的心结也需要有人疏解，当他们感到真正被倾听和了解了，心中就会平静、幸福了。

在电影《心灵点滴》里，医学院实习生帕奇接收了一位名为甘乃迪太太的病人，她整天郁郁寡欢，连续三周都不肯吃东西，无论儿女如何央求，无论医师如何劝解，都无法说服她进食，直到帕奇的出现。帕奇认为医院冷冰冰的机械会使病人感到孤独无助，他试图了解每一个病人的内心。

当帕奇问甘乃迪太太有什么愿望时，老太太有些害羞地说："我从小到大最大的一个愿望，就是在装满意大利面条的水池里洗澡。"别的医生都觉得这无比荒诞可笑，但帕奇立刻组织人员布置了一个放满了意大利面条的充气泳池，老太太在里面痛痛快快地圆了"在面条温水泳池游泳"的美梦，之后她终于开始吃东西了，而且她的生活重新充满了微笑。

相信，每个父母都希望拥有像帕奇一样的儿女。

来吧，试着倾听父母的唠叨絮语吧。与父母好好地交流一次，让他们说说自己的心声，听听他们心中的独白，好好了解一下，一点一点进入他们的世界，这是给父母最好的礼物。你会发现，这足以让他们喜笑颜开，而且他们心底的声音会是人间最美的天籁之音，平凡的日子陡增了动人光彩……

爱人，请听我说

我爱你的拥抱，更爱你温柔认真地听我说。

妻子忙碌了一天，拖着沉重的身子，一脸疲倦地回到家里，她看起来有些心烦意乱，她渴望同丈夫交流："亲爱的，这份工作真是累人，眼下我要做的事情太多太多了，我的私人时间少得可怜！"

丈夫一边看电视，一边心不在焉地答应着："嗯！"

妻子还在不停地和丈夫说话："不过，我很喜欢这份工作。问题在于，老板对我的期望值很高，希望我在短时间内改变一切！我相信只要我好好努力一段时间，熟悉了这份工作之后，到时候就不会这么累了。"

丈夫还在看电视，默不作声。

妻子看着丈夫，微微地皱了一下眉头，"对了，我今天太忙了，居然忘记了给母亲打电话！她前段时间身体有点不舒服，我想给她打电话，问问她好些没有。但是现在这么晚了，估计她已经睡下了吧？"

丈夫似乎有些不耐烦，说道："真是的，你也太操心了！"

妻子有些火了："你是块木头呀，你能不能关心我一下呀，你是不是烦我了？"

丈夫一听，也不相让，说："我工作很累，回到家你还这么唠叨，一点都不知道体谅我。"

妻子更生气了："连话都不说算什么夫妻，不想一起过就别过了。"

于是，两人开始争吵起来。

生活中，这样的情景经常可以见到：在办公室紧张地工作了一天，回家后还听到爱人滔滔不绝地在耳边讲述他（她）在工作中发生的各种事情。这时候，勉强听下去会让自己觉得很心烦，而失去耐心又会导致争吵，甚至影响夫妻感情。忽视了倾听也就阻碍了沟通，这在婚姻里是最要不得的。

每个人都渴望得到别人的关注。如果高兴，希望全世界的人都来分享；如果悲伤，希望有人来问候："你怎么啦？遇到什么不好的事？"爱人之间最重要的责任并不是让对方吃饱、穿暖，不饿着、不冻着，而是让对方的心灵感觉安全和温暖。这并不需要我们做很多，倾听就是最好的方式。

事实上，几乎每个人遇到什么高兴或烦恼的事后都有一份渴望，那就是希望能和爱人分享自己的情绪，渴望得到爱人给予的首肯和评价，理解和支持。在不少人认为，和爱人倾诉，交流感情，谈论诸事，是一种彼此信任、亲密无间的表现。而倾听，就是分担彼此的脆弱和痛苦，就是彼此关爱，相濡以沫。

因此，我们要学会"借"给爱人一双耳朵，细细地倾听爱人一天的所听所见所思所想，不管是好的还是坏的，这都是一件令对方感觉舒服的事情，也会让对方产生一种被重视、被关爱的幸福感。爱人会为此心存感激，他（她）会感觉到两人的距离拉近了，有一种心贴心的温暖，一种手拉手的踏实，夫妻感情更深厚。

刘珊是一个非常幸福的女人，她和丈夫结婚六年了居然还甜甜蜜蜜如同新婚夫妇一般，这真是让人羡慕，于是朋友们纷纷向刘珊询问婚姻保鲜的秘诀。刘珊说，"我哪里有什么秘诀呢？我们之间只是多了一个约定。"

朋友们好奇地问，"条约？不会是财产划分吧。"

"不是"，刘珊笑着摇摇头说，"刚结婚时，我老是一个人喋喋不休地说，不想听他说什么。后来，等他真的不再说什么时，我一个人再说话也就没有意思了。下班回到家，两人你看你的杂志，我玩我的游戏，就像陌生人一样，各干各的，互不干扰，当时觉得婚姻生活太没有意思了。"

"后来"，刘珊顿了顿，继续说道，"我们觉得婚姻不应该是这样的，于是便有了一个约定，即无论工作多忙多累，都要留出半小时和对方说一下自己当天经历的一些事情，自己的想法。这些年里，我倾听他，他倾听我，我们对彼此更加了解，不仅很少出现矛盾，而且感情越来越深厚。"

诉说和倾听，是彼此的需要和被需要，是彼此在对方心里都不可或缺。为此，我们不妨定一个"沟通日"，约定每周，或者每月有一两次固定的沟通时间。到时把所有的牵绊都斩断，把杂事都放下，给爱人耳朵，Say you，Say me，心平气和地交流彼此的快乐、烦恼、情绪、工作、生活等等，这样的交流至关重要。

事实上，倾听爱人不仅给爱人提供了倾诉机会，而且也是自己的一种宝贵资产。因为聆听才能了解，随着真诚实意的倾听，爱人的世界就此朝你敞开，他（她）的生活经历、喜怒哀乐、心理活动、私人秘密等你都了如指掌，这是一种"知己知彼，百战百胜"的境界，如此婚姻中还有什么问题不能解决呢？

当然，倾听是倾"心"地听，而不是只用耳朵不用心。只有当你用心听的时候，对方才能敞开心扉，说出真正想说的话。"你怎么这么懒？""你这个酒鬼，离开了酒，你就活不了吧？"这些话的主人可能是不满你的"一只耳朵进，一只耳朵出"的不屑态度；如果你用心听，他（她）要说的可能就是："我太累了，你能不能帮帮我？""你老这样喝酒，我担心你的身体。"

另外，爱人在倾诉时只是想表达一下一天的感受，体验舒适和亲密的感觉，不一定需要答案。这时候，千万不要直接打断对方，或者迫不及待地下判断或评价，也不要急着针对爱人的问题和困惑开始提供一系列的解决方案。这不仅不是在帮助对方解决问题，反而容易惹恼对方。最好的办法是，耐心地听完爱人的叙述，等对方情绪稳定后，再帮他（她）找出解决问题的办法。

当你遇到高兴的事情，或者当你在工作或是人际关系中受挫时，你在第一时间最想告诉谁？你回答完这个问题后，再去问你的爱人。如果你们的答案分别是对方，那么请好好珍惜这一份爱。如果你们的答案曾经是对方，那么就要好好想想，你们为什么失去了彼此诉说和倾听的机会。

最会倾听的社交明星

你会听，就会赢得人心。

上帝仅仅赋予了我们每个人一张嘴，却同时给予了我们两只耳朵，这是在委婉地告诉我们：要重视倾听。然而实际生活中，很多人只知道表达自己，而不懂得倾听。常常会碰到这样的朋友聚会：一位朋友因春风得意，有些居高临下，满座听他一人高谈阔论，容不得别人插话，结果夺了风光、失了人心。

事实上，人人都有表现自己、表达自己的欲望，都希望获得别人的尊重，受到别人的重视。而倾听所传达的正是一种肯定、信任、关心乃至鼓励的慈悲，即便你没有给对方提供什么指点或帮助，也会给对方留下思想深邃、谦虚柔和的印象，对方也会感激你，喜欢你，支持你，包你100%成为社交明星。

马里兰是他所在朋友圈中最受欢迎的男人，无论他走到哪里都很受喜欢，经常有朋友请他参加聚会、共进午餐。当他在生活和事业上遇到困难时，也总有许多人愿意给予他帮助，这令朋友蒙特罗很不能理解。

这天，蒙特罗和马里兰一起参加一次小型社交活动。席间，他发现马里兰正在和一个漂亮的女士坐在一个角落里交谈。蒙特罗还发现，那位女士一直在说，而马里兰好像一句话也没说，只是有时笑一笑，点一点头，仅此而已。他们聊得非常愉快，那位女士还几次主动邀请马里兰一起跳舞。

活动结束后，蒙特罗问马里兰："那个女士真迷人，你们以前认识吗？"

马里兰摇摇头说，"今天是我第一次见她，是别人介绍我们认识的。"

"是吗？"蒙特罗明显有些惊讶，"她好像完全被你吸引住了，你是怎么做到的？"

马里兰笑了笑，语气中掩饰不住喜悦："很简单，我只对她说：'你的身材真棒，你是怎么做的？平时是注意保养，还是喜欢健身？'她说她每周都去健身房，'你能把一切都告诉我吗？'我问。于是，接下去的一个小时她一直在谈健身的事情。最后，她要了我的电话，她说和我聊天很愉快，还说很想再见到我，因为我是最有意思的谈伴。但说实话，我整个晚上没说几句话。"

看，这就是马里兰深受欢迎的秘诀。我们大家可能都有过这样的经历，当自己在说话的时候，是多么希望别人能够真正地认真倾听自己。当有人全神贯注地倾听我们所要表达的，用我们的思想和感情去思考时，我们就会感到自己被关注、被重视，对对方产生好感，愿意与之交往下去。

伊萨克·马克森可能是世界上第一等的名人访问者，他说："许多人不能给人留下很好的印象是因为不注意听别人讲话。他们太关心自己要讲的下一句话，以至于不愿意打开耳朵……一些大人物告诉我，他们喜欢善听者胜于善说者，但是善听的能力似乎比其他任何物质还要少见。"

古诗曰："风流不在谈锋胜，袖手无言味最长。"倾听是一种理解和接纳他人的高尚人品，是一种谦和大度的做人修养，也是说服别人、赢得人心的最好方法。静坐聆听别人，既不用耗费多少力气，又能左右逢源，八面玲珑，何乐而不为呢？无论你才能多高，请学会倾听别人；无论你能力多强，请懂得倾听别人。

不过，真正有效的倾听，不仅仅是耳朵的简单使用，还要眼到、嘴到、心到。倾听时心不在焉、神情恍惚，或者是不耐烦地东张西望，或者是机械地摆弄自己手里的物品等，都不是倾听的智慧，甚至称不上是倾听。要想有效倾听别人并不难办，你需要掌握一定的倾听技巧，不断地进行自我修行。

·保持良好的精神状态

良好的精神状态是倾听质量的重要前提，因此你要努力维持大脑的警觉，使大脑处于兴奋状态，聚精会神、全神贯注地聆听，而且大脑思维要紧跟着对方的诉说走。如果你是在一个喧哗嘈杂的房间里和人谈话，你应当想方设法地让对方感觉到只有你们两人在场，尽量不要让其他的人或事分散注意力。

·适时适度地作出反馈

谈话时，应善于运用自己的姿态、表情、插入语和感叹词以及动作等，及时给予对方呼应。比如，如果明白了对方诉说的内容，要不时地点头示意；如果没有听懂或重点表达，可以用自己的语言重复对方所说的内容；还可以适时适度地提出问题。这会让说话者感到你理解他所说的话，能够给讲话者以鼓励，有助于双方的相互沟通。

·一定要有足够的耐心

在倾听过程中，一定要有足够的耐心。这体现在两个方面：一是当对方说话内容很多，或者由于情绪激动等原因，语言表达有些零散甚至混乱，要鼓励对方把话说完，自然就能听懂全部的意思了；二是别人对事物的观点和看法有可能是你无法接受的，你可以不同意，但应试着去理解别人的心情和情绪。不要随意打断别人的话语，或者任意发表评论。

　　总之，在人际交往中，与其会说不如会听。倾听是一种尊重别人的礼貌，是对讲话者的一种高度赞美，倾听能使别人喜欢你，信赖你。就像一位作家所说："倾听意味着对别人的话持精神饱满和感兴趣的态度。你应像一座礼堂那样倾听，在那里，每一个声音都更饱满、更丰富地返回。"

听出来的"真经"

在不经意间，我们都透露了自己的心声。

在生活中，有些人不喜欢倾听别人的意见，喜欢将"我很早就明白了"、"不用说了，我知道了"之类自满的话挂在嘴边。殊不知，这不仅是对别人的一种不尊重，而且还会导致"满招损"的悲剧，画地为牢。

爱迪生一生仅仅接受过3个月的正式教育，却在有生之年获得了1000项的发明专利。然而，如此伟大的爱迪生，在他晚年时也曾出现过"败走麦城"的一刻，原因就在那时的他骄傲自满，听不进别人的意见。

当白炽灯彻底获得市场认可后，爱迪生的电气公司开始利用电力网输送直流电。当时交流电也开始崭露头角，发展交流电技术的威斯汀豪斯公司想通过这项技术与爱迪生合作，可是爱迪生固守于直流电方面的认知，根本不承认交流电比直流电强，拒绝了威斯汀豪斯公司的合作请求。

自谋出路的威斯汀豪斯公司一度几近破产，然而谁也无法阻止事物的发展规律，"交流电"终以锐不可当之势浮出水面，赢得了世人的认可。在铁的事实面前，爱迪生终于承认自己错了，交流电的确要比直流电强得多。

因为不愿意听从威斯汀豪斯公司的建议，爱迪生使自己的人生留下了遗憾。"满招损，谦受益"，这是《尚书》里的两句话，教人修身养性的。寥寥六字，言简义丰，就是提醒我们要多向别人学习，不耻下问。"三人行必有我师"孔子这样的千古圣人尚能如此，何况侪辈凡夫俗子。

大海不择细流，故能成其汪洋；泰山不择尘土，故能成其崔巍。这是一个不断变化的时代，也是一个不断更新的时代，每个人的知识和思路都是有局限性的，认真倾听别人的意见，时刻接受新的思想和智慧，尤为重要。

在这里，我们需要提及一个归零心态，也可以称之为"空杯心态"。其含义富有哲理，即一个装满水的杯子很难接纳新东西，如果想获得某方面的进步，需要先要把自己想象成"一个空着的杯子"，而不是一个装满水的杯子。

一位学者去一个寺庙拜访一位德高望重的老禅师，请教什么是禅。年轻人自认为自己各方面的造诣很深，对大师侃侃而谈，言谈之间甚至流露着傲慢。老禅师以茶相待，可是在倒茶时明明杯子已经满了，他却没有停下来的意思。

学者在一旁嚷道："大师，茶已经满了，别再倒了。"

老禅师轻轻一笑，说出禅机，"是啊，既然杯子已经满了，水怎么还能倒得进去呢？你就像这只茶杯一样，你的头脑里装满了你对禅的看法和想法却来问我。如果你想让我说什么是禅，你得先把自己的杯子空出来啊。"

"先把自己的杯子空掉"，一语惊醒梦中人。假如我们面前的杯子是满溢的，怎么斟得下更多的茶呢？在对待知识的求索上，我们一定要学着倒空"杯子"中的自满和固执，倒空"杯子"中的偏见和自私，善于倾听别人的意见。不耻下问，谦虚好学，我们才能取到"真经"，掌握真才实学，做时代的弄潮儿。

的确，多听一次别人的意见，就等于增加了一份学识。比起那些高高在上的成功者，大多数人本来并不缺少什么：学历、知识、履历、经验……或许我们的思想境界比他们更高，或许我们比他们懂得更多更多，可是重要的一点是：在倾听别人意见这一方面，他们做得要比我们好得多。

林肯出生于肯塔基州一个贫苦的农民家庭，青年时期他先后当过伐木工、船工、店员、邮递员，这些经历使他对普通人民群众有深厚的感情。出任美国总统后，为了不和民众之间拉开距离，林肯始终善于倾听民众的心声。

为此，林肯在白宫外面度过的时间要比在白宫多。他常常不顾总统礼节，在内阁部长正在主持会议时走进去，悄悄地坐下来倾听会议过程；他不愿坐在白宫办公室等待阁员来见他，而是亲自前往阁员办公室，与他们共商大计。而他在白宫的办公室，门总是开着的，政府官员、商人、普通市民们等人想进来谈谈都可以。众多的来访者使保卫工作非常难做，忠心执行职责的保卫人员常常会抱怨，林肯解释道："让民众知道我不怕到他们当中去，他们也不用怕来我这里，这一点是很重要的。"

林肯不管多忙也要接见来访者，甚至还鼓励人们来访。1863 年，他写信给印第安纳州的一个公民："在言谈中，用耳朵比嘴巴强。我一般不拒绝来见我的人。如果你来的话，我也许会见你的。告诉你，我把这种接见叫'民意浴'，因为我很少有时间去读报纸，所以用这种方法搜集民意。"

谈起自己的"民意浴"，林肯曾感慨地这样说："虽然民众意见并不是时时处处都令人愉快，但这种倾听让我获得了来自各界的声音，不仅缩短了我与人民的距离，加深了彼此的感情，而且激发了人民参与国事的主动性和积极性。总的来说，其效果还是具有新意、令人鼓舞的。"

从林肯的"民意浴"可以看出他与众不同的领袖气质和精神境界，这使他成为深受民众欢迎的总统。更重要的是，他倾听了民众之后，获得了比别人更多的信息，克服了自身的心理定式，进而能够制定出英明的决策，从而更接近成功。妙在倾听、神在倾听、贵在倾听、赢在倾听。

另外，倾听别人的意见时，就算你不同意对方的意见，不采纳对方的意见，也要诚心诚意地尊重对方的意见，并且让对方感受到你的尊重。聆听和尊重比采纳更为重要，这不仅可以体现出一个人"海纳百川"的襟怀，还可以彰显出一个人与人为善的修养，是我们应持的正确的处世态度。

总之，时常接受新的知识，让自己保持活力和进步，这对于都市人至关重要。随时倒空自己的"杯子"，用心地倾听别人，虚心地向别人请教，在他人的观点中完善自我，提高自我。这不是一朝一夕的事情，但是坚持做下去，你就会产生脱胎换骨的变化，进而获得安心的生活姿态。

生命的耳朵

每个生命都是有耳朵的，用来倾听自己的声音。

有一位成功的商人坐拥几百万美元，他拥有 4 部名牌汽车，一个多达三百名员工的公司，他的家是一座华丽的别墅，他的妻子美丽贤惠，儿子乖巧懂事。可以说，这个商人已经拥有了一切，然而他似乎从没有轻松愉悦过，他是位紧张的生意人，并且把他职业上的紧张气氛从办公室里带回到了家里。

下班回到家里，他打开电视机，坐在沙发上休息，但是他的心情十分烦躁不安，于是他把电视关掉了，不停地在房间里走来走去。他的妻子准备好了丰盛的晚餐，他在餐桌前坐下，他的两只手就像两把铲子，不断把眼前的晚餐一一"铲"进口中。晚餐后，妻子放上了一曲美妙的曲子，他拿起一份报纸，匆忙地翻了几页，急急瞄了瞄大字标题，然后把报纸丢到地上，拿起一根雪茄。他一口咬掉雪茄的头部，点燃后吸了两口，便把它放到烟灰缸里。最后，他大步走到客厅的衣架前，抓起他的帽子和外衣，回公司工作了。

这位商人这样子已有好几百次了，弄得妻子和儿子很不高兴，而他自己的内心更是备受折磨，每晚都睡不好觉，整天唉声叹气，愁眉不展。

在这个日益繁杂的现代都市中，大多数人为了获得更高的工作岗位，为了挣到更多的钞票，如同这位商人一般生活节奏越来越快，穿梭往来于浮生之中，忽略了生活中的快乐点滴。结果呢？心灵被搓揉得疲惫不堪，情绪变得焦躁不安，生活陷入枯燥乏味，更别提享受生活的情趣了。

我们工作是为了满足生活之需，让自己更快乐，让生活更美好，但是活着绝不仅仅只是为了工作。认为拼命挣钱就可以换得舒适生活，把自己搞得整天就跟上了发条似的，只知道一味地向前向前，连正常的生活都无法顾及，这简直是贬低了工作的价值，而且根本不是生活的真意。

唯一可以改变这种状态的办法便是保持心灵的平静，累了就让烦乱的心灵小憩一下，暂时将生活和工作的压力抛在脑后，静心来听一听来自生命的声音，听一听它真正需要的是什么！是需要金钱？是需要荣誉？还是需要幸福？细心体味生活的点滴，这就犹如一根希望的绳子，把我们拉出了泥沼。

沙漠里有一支古老的游牧部落，长期迁徙，居无定所，但是多年以来他们有一个不变的神秘习俗：在赶路时，皆会竭尽所能地向前走，但每次行走两天后必定停下来休息一天！世世代代如此，从不例外。一位考古学家不解地问部落首领："为什么你们要这样做呢？"部落首领解释说："我们的脚步走得太快，而我们的灵魂走得太慢，走两天歇一天就是为了等我们的灵魂赶上来！"

美国作家约瑟夫·坎贝尔说："我们真正要探寻的不是生命的意义，而是活着的体验。"逃避不了城市的喧嚣，舍弃不下名利的诱惑，没有一颗淡泊宁静的心灵，心灵当然无法解脱世俗牵绊。放下快节奏的脚步，让此刻的自己松懈下来，静坐而听，多几分从容，少几分纷扰，就是等待灵魂的开始。

因此，当你感到疲惫不堪时，不妨从生活的繁忙中抽身出来，静心聆听生命的花开，静静感受生命的存在，让灵魂追赶上来，身心合一地协调前进！渐渐地，你就会发现，内心的世界越来越平静，越来越无边，从而能够从容淡定地穿梭在世界中，也更容易感受生活的酸甜苦辣，体会人生的无限乐趣。

　　在亚里桑那沙漠过夏天，布莱克斯觉得自己会被热死的，因为那里炙热的高温都快把土豆烤熟了。一天，他在小镇的一个加油站给车加油时，和主人戴维森先生聊起这里可怕的夏天："这个该死的夏天，又将是炼狱般的生活！"

　　"为过夏天担忧，有那个必要吗？像迎接一个惊人的喜讯那样对待酷暑的来临吧，"戴维森先生说着，"千万不要错过夏天给我们的各种最美好的礼物……"

　　"该死的夏天能带来美好的礼物？"布莱克斯不解地问。

　　"难道你从不在清晨五六点起床？你想想，六月的黎明，整个天空都是玫瑰红的云彩，那是多么美妙的景观啊；七月的夜晚，一抬头就可以看到满天繁星，多么有意境啊；再想想，中午是常人无法承受的高温，这时候才能真正体会到游泳的乐趣！"

　　使布莱克斯惊奇的是，戴维森先生的话果然有效，他不再怕夏天了。当高温天气真的到来时，清晨，布莱克斯在晨露的凉爽中修剪玫瑰花；中午，他和孩子们舒舒服服地在家里睡觉；晚上，他们在院子里做冷饮，吃冰激淋，真是痛快极了。整个夏天，他们还欣赏了沙漠日出和日落特有的壮观景象。

　　几十年之后，布莱克斯已是满头银发，但是他愉快的笑容仍然那么灿烂。他在拜访戴维森先生的时候，由衷地感慨道："我喜欢这里的夏天，而且我一点不担心变老，在这里光欣赏生活的美都欣赏不过来呢，我觉得活得有意思极了！"

看到了吧，生命是一个过程，当你静观人生的时候，美就会充斥你的生活。美是生活中的客观事物与你主观意识碰撞后迸发出的火花，是一种不带功利色彩的愉快感觉。它能使你的心灵得以净化，情感得以宣泄，精神得以满足。

用生命交织而成的声音，如同交响曲般拨动心弦，融入心境，响彻灵魂。或听春晨之鸟啼声清脆，生命在其啼声中涌动如斯；或听夏夜虫鸣婉转流畅，感受生活的细而绵长；或听秋夜之雨淅淅沥沥，温柔地打在瓦片上，如同自然的琴键，感觉自己的心还依然跳动。生活，正在生命之音中诗意地栖居。

生命的乐趣绝不在于不断地奔跑，而在于感受多样多彩的过程。再怎样疲惫或忙碌，也要懂得停下匆忙的脚步，抛开一切给你造成压力的人或事，静心聆听生命的花开，等待自己的灵魂赶上来，身心合一地协调前进。这样，安心的感觉便会不期而至——如同踮起脚尖，触摸到阳光。

第七章

绽放心的玫瑰，香溢你和我

世间有了人，便有了独一无二的爱。心含爱意的人，
就是上帝眼中那个最美的天使，用最温柔的力量，把你我
紧紧团结在一起，永不孤独，逍遥幸福。

有你，我才有意义

因为你，我懂得了"朋友"的涵义。

生活在这个多彩的都市世界，任何一个人绝不是孤立的，每一个人都拥有朋友，每一个都需要朋友。一个人的天空是狭小的、单调的，友情织成的天空是广阔的，也是灿烂的。如果你拥有朋友，就要真心地关爱他们，快乐时与之共享，悲伤时给以安慰，主动营造一种和谐关系。

问题是，有些人总是抱怨别人对自己不够好，抱怨别人不为自己付出，抱怨自己没有真正的朋友。原因何在？不妨想想，你对别人足够好吗？你对别人付出了多少呢？只想着从别人身上得到而自己不先付出，只会让人觉得你自私，而不愿意和你接触，如此自然就不会和你做朋友了。

所以，我们在与人接触时要做到：舍掉自私、心存善意、懂得付出、不求回报。正所谓："人之初，性本善。恻隐之心，人皆有之"，每个人都懂得"投桃报李"的道理，当别人接受你的"桃子"的时候，必然会给你其他的礼物作为回报。

从前，有两个饥饿的人得到了一位长者的恩赐：一根鱼竿和一篓鲜活硕大的鱼。其中，一个人要了一篓鱼，另一个人要了一根鱼竿。要想好好地生存下去，就要找到大海，而大海离这里还有很长的一段路要走。

得到一篓鱼的人饿极了，就在原地用干柴搭起篝火煮了一条鱼，不过他没有自私地把鱼吃个精光，而是把一半给了得到鱼竿的人。两人吃完鱼后不饿了，便商定共同去找寻大海，每次只煮一条鱼，一人一半。

经过长期的跋涉，这两人终于来到了海边，这时候鱼篓的鱼已经吃完了。得到鱼竿的人开始钓鱼了，为了回报，他将钓的鱼分给了得到鱼的人，从此两人以捕鱼为生，过上了幸福安康的生活。

在这个事例中，这两个人没有被自私蒙蔽双眼，他们把自己的东西让一半给对方，互助互爱，最后战胜了饥饿，拥有了幸福，还得到了珍贵的友谊。可贵的友情就是这样，惺惺相惜，同舟共济。在生活中，如果我们拥有这样的友情，千万要懂得珍惜，不要让这样的朋友在我们的人生中消失。

人的一生不可能一帆风顺，朋友难免会碰到失利、受挫或面临困境的时候，这时候我们更要及时伸出热情的手，关爱和帮助朋友。你哪怕只是尽了绵薄之力，他也会由衷地感激，将会用最真诚的心来结交你这个朋友。日后什么时候你遇到了困难，他也会在重要之时助你一臂之力。

诗人纪伯伦曾说过："和你一同笑过的人你也许很快就把他忘却，而同你一同哭过的人，你也许一生都会记住他。"其实道理很简单，"危难之中见真情"，人在遇到难处的时候特别渴望得到朋友的爱，你及时的关爱和帮助无疑是雪中送炭。朋友之间就是这样，锦上添花不足贵，雪中送炭才是君子所为。

那时孟同刚刚毕业参加工作，因工作中的一点小失误被迫辞了职，但他照例得给家里寄钱以供弟妹上学。身上的钱已经所剩无几，因交不起房租一再被房东抱怨，但孟同是一个自尊心很强的人，在朋友面前从不表示出来。

一天，朋友来孟同家里玩儿，不巧的是孟同临时接到面试的通知，他让朋友先在家里待会儿，自己就去面试了。等他再回来时，看见桌上放了1000块钱，这时手机响了，朋友发来了一条信息，说"房租已交，钱留着用"。原来方才房东又来催交房租了，朋友便慷慨解囊。短短几行字，孟同热泪盈眶，一份感动充满了他的内心。

多年过去了，孟同已经由一个穷小子变成了一个成功人士，而这部手机，这条信息他始终保留着。孟同知道自己在意的不是这些，而是那一份真挚的友情。后来孟同听说朋友的父亲得了重病需要做手术，朋友因资金不够踌躇不已。第二天，他什么也没说就给朋友的父亲交了10万元的手术费。

在危急的关键时刻，正是真正考验友情的时刻。在孟同人生的低谷，在最需要帮助的时候，朋友挺身而出，帮了他一把，让他渡过了暂时的难关，这是一种付出。当朋友面临困难时，孟同也及时伸出援手，这是一种回报。苦难面前，不离不弃，这才是真正的朋友，这才是真正的友谊。

曾经听过这样的话："茫茫人海，漫漫长路，你我相遇，成为相互。相互就是走累了一起扶助，走远了一起回顾；相互就是痛苦了一起倾诉，快乐了一起投入。"真正的朋友就是这样一种相互，无论在何时何地，并肩站立，携手同行，所以真心地爱你的朋友吧，给他们支持和帮助，温暖和感动。

千百年来，歌颂友谊的诗句百听不厌，李白的"桃花潭水深千尺，不及汪伦送我情"，苏东坡的"但愿人长久，千里共婵娟"，王维的"劝君更尽一杯酒，西出阳关无故人"，何逊的"春草似青袍，秋月如团扇，三五出重云，当知我忆君"，王勃的"海内存知己，天涯若比邻"，演绎着一幕幕可贵的友情。

我们需要可贵的友情，这种感情不依靠什么，不企求什么，它是纯净而温馨的，是我们幸福大道的铺路石。岁月如海，友情如歌，一首《朋友》道尽情愫："朋友一生一起走，那些日子不再有，一句话一辈子，一生情一杯酒。朋友不曾孤单过，一声朋友你会懂，还有伤还有痛，还要走还有我……"

低头爱你

我爱，我愿谦卑地爱你。

生活中难免会遇到不开心和不顺心的事，特别是在婚姻生活中；夫妻俩因为某些事存在着不同看法和意见的事，几乎每天都在发生，如果双方总是怒火冲冲，以吵架的方式来解决，那生活真是乱了套了，也就没什么幸福和快乐可言了。

有一对夫妻结婚十年多了，他们之间偶尔也争吵，但这一次吵得很凶，其实也不是什么大事，就是为了洗衣服的事情而发生了争执。那次丈夫洗衣服忘了搜口袋，面巾纸被水泡烂了，结果妻子只穿过一次的运动服上沾满了白色的纤维。

妻子立马把运动服拽下来，找丈夫算账。

丈夫满不在乎地说："没事，你重洗一遍就好了。"

"根本洗不掉。"

"那就重新买一件。"

"你是大款吗？为什么洗前不看看？说过多少次了，你为什么不听？你根本就是应付，一点爱心和责任心都没有……"妻子越说越气，从洗衣服说到做饭，从做饭说到买菜，总之连几年前给女儿洗尿布没洗干净的事也翻了出来。

丈夫一怒之下，把那件衣服夺过来，给扔到了地上。见丈夫不仅不安慰自己，还胡乱发火，妻子开始收拾衣物，并扬言要离开家。虽然这么说，她的动作却是迟缓的，她希望丈夫能主动求和，但丈夫什么也没说，什么也没做。

妻子失望了，真的离开了这个家，去了娘家，一住就是一个月。期间，她想给丈夫打电话，但她想："他是男人，要先打给我！"于是，僵持继续着。悲剧终于发生，丈夫提出了离婚。

事例中，这对夫妻因为一件洗衣服的事情，而导致了双方之间一场不愉快的争吵，又因为谁都不愿意让步，坏心情伤感情不说，最后还失去了婚姻，丢掉了幸福。想想真是让人感慨万千，为其不值。

事实上，生活琐事很难评出对错，婚姻里哪有绝对的对与错？走在一起的两个人，性格、价值观和生活方式上难免都会有所差异，在某些事存在不同看法和意见。只要不是原则性问题，何必和自己亲爱的人憋气呢！不妨来点低头表现。

本着沟通的目的，愤怒而不失理智，你会发现，原来对于很多在意的问题来说，爱的基础上的妥协是成本最小的解决之道，爆发上述冲突的可能性就会被降到最低水平，而且相信他一定会愈加地珍惜和爱你。而且，看着自己的爱人每天心情轻松、满面春风，自己不也感到幸福吗？

曾看到这样一个故事。

一对夫妻历经磨难才走到一起，结婚一个月却开始了吵架。原因是男人总是喜欢从牙膏中间挤牙膏，而女人却认为一定要从牙膏的尾部挤牙膏，两人谁也不肯让步，为此时常爆发争吵，于是他们决定分居。

分居的日子里总是难耐的寂寞，他们明白其实彼此依然深爱着对方。只是他们都非常好强，谁也不肯向对方低头，就这样，他们分居了一个月。最终，妻子提前准备了烛光晚餐，准备向老公妥协，挽救他们的婚姻和爱情。

正当妻子正在做老公最爱的红烧大蟹时，忽然看到一只蟑螂从她脚下窜过，妻子并没有多害怕，但她灵机一动，拿起电话拨通了老公的号码："喂！亲爱的，你赶快回来，家里有只蟑螂，我快被吓死了。"那边的老公只一句"遵命！"便立即赶回了家。

两人吃着烛光晚餐时，妻子主动向丈夫道歉，以后她不再管丈夫是怎么挤牙膏的，有时干脆每天早上给他挤好牙膏，而丈夫也自觉地开始从牙膏的尾部挤牙膏。就这样，两人不再争吵了，他们的爱情复活了，婚姻复活了。

看到了吧，夫妻之间只要不违背原则的事，低个头没有什么，低头不见得就是认错，这只是你向对方发出的一个和好的信号，不但显示不出你懦弱，反而能体现出你的大度，退两步是为了进三步，如此生活中也就少了几分怒气，多了几分喜气，正可谓低头的瞬间成就了爱。既然如此，我们为什么不能低一次头呢？

一对中年夫妇婚姻濒临绝境，多年来他们总是因为生活小事不断地吵架，最后互不理睬，然后双双认为"过不下去了，坚决要离婚"。在决定离婚这天，俩人相约一起爬一次市区附近的一座山，也算是最后的浪漫之旅。

当时，大雪弥漫，刮着西风，他们拿着帐篷、棉被，来到这座山上，望着飘飘扬扬的大雪。就在这时，一个奇异景观把他们吸引了。只见雪松隔段时间就弯下树枝，直到积雪从枝头滑落，然后倏地弹起；等大雪再次落满枝头，又弯下树枝……如此反复，树枝完好无损。可其他的树，却因没有这个本领，树枝被压断了。

妻子发现了这一景观，对丈夫说："其他地方肯定也长过杂树，只是不会弯曲才被大雪摧毁了。"顿时，两人颇有感悟：婚姻就是一棵大树，如果不像雪松那样低头，不也只有被压断的结局吗？正如他们眼下的婚姻。两人明白了，紧紧地拥抱在一起。

奔波在都市生活中，我们已经活得很累了，不管是男人还是女人都不容易。如果真正爱对方，想要跟对方一起幸福地生活下去，就要尽可能地去承受婚姻的压力，在承受不了的时候，就要改变一下思路，学会向对方低头，像雪松一样弯曲一下，这样就不会被压垮，出现柳暗花明又一村的无限风光。

记住，夫妻之间不是敌我矛盾，低头才能温润彼此脆弱的心。

爱你胜过爱自己

原来真有一个人，可以让你忘记自己。

在烦琐忙碌的都市生活下，很多人似乎有一个通病，全身心去爱别人很容易，要多关心自己一下却很难。尤其是女人，为了老公，为了孩子，为了赚钱等等，付出了很多，牺牲了很多，唯独就没有过为了自己，结果身心俱疲，离幸福越来越远。

王小蓓是一个十分温柔贤惠的女人，她认为一个好妻子就该做好贤内助。为了能尽量多陪陪先生和儿子，她将自己的个人活动都拒之门外，皮肤也不做保养了，化妆就更不用提了，甚至连个人兴趣都放弃了，除了上班就是在家围着先生和儿子转，精心打理家里的一切大小事情。去商场逛街，她满脑子想的是给老公孩子买什么，即使自己相中了某件衣服也都是犹豫片刻便跑到别处去了，因为这件衣服的价格足够给孩子买很多好吃的……那真是整个身心都扑在这个家里了。

可是，王小蓓的先生并没有珍惜她，他在外面有了其他的女人，他的理由是："她整日忙碌于家务，每天一副不修边幅、邋里邋遢的样子，而且一点兴趣爱好也没有，和她在一起很无聊，生活枯燥无味……"王小蓓做了多年的贤内助，耗光了自己青春年华，最终等来的只是一纸离婚协议，她猛然发现，自己突然间已经失去了很多。

纵观身边那些不幸福的人，皆是他们不懂关爱自己，失去自我的缘故。这并不难理解，一个人若连自己都不爱，倾其所有，牺牲自我，这种爱会变得越来越卑微，别人又怎会瞧得起你，把你当回事呢？卑微是留不住人心的。

人，不仅要向他人奉献自己的爱，也应该多爱自己一点点。爱自己，不是自私自利，不是自我姑息，不是自我放纵，更不是夜郎自大的无知，而是源于对生命本身的崇尚和珍重。只有懂得爱自己，才能懂得爱的责任；因为只有多爱自己一点，才更有能力去爱别人；因为多爱自己一点，爱才会更有意义。

爱自己，首先要爱惜自己的身体，重视、珍惜、照顾好自己的身体，学会劳逸结合，不要因为工作而过度劳累，建立规律健康的生活习惯，保持健康的心理状态，定期进行健康检查，有病及时治疗等。健康是人生的第一财富，有了健康的身心才有可能谈得上事业有成，家庭幸福，才能憧憬美好的未来。

爱自己，最好有自己的朋友圈和兴趣爱好。试想，一个女人没有朋友，没有爱好，每天只知道吃饭睡觉、干家务活、家长里短，很容易被日常家务搞得神经麻木，看似老实本分，实则在男人眼中是索然无味的。所以，多结交一些朋友，多培养兴趣爱好，这是一个人的精神食粮，支撑着一个人的精神世界。

爱自己就是要自助，面对生活中的苦难和不幸，你首先要自己学会承担，自己拯救自己，尽全力替自己解围。不难想象，在人生中的某一时刻，你的身旁恰巧没有关心你、愿意倾听你心声的人，你是孤立无援的，如果傻傻地站在原地，等待别人的救助，那么只会让自己走入痛苦的深渊，又岂会有幸福而言?!

　　爱，要多给自己一点点。因为你很重要，你就是你能拥有的全部。你存在，才会感到整个世界存在。你看得到阳光，才会感到整个世界看得到阳光。正如一位哲人所说的："不要再等待别人来斟满自己的杯子，也不要一味地无私奉献。如果我们能多爱自己一点，先将自己面前的杯子斟满，心满意足地快乐了，自然就能将满溢的福杯分享给周围的人，也能快乐地接受别人的给予。"

　　一位老华侨在国外曾独自奋斗多年，如今终于决定回国与家人团聚了。在为他送行的晚宴上，有朋友问，这么多年感触最深的是什么？老华侨回答："凡事多爱自己一点！这么多年一个人在外，要不是凡事多爱自己一点，就走不到今天；要不是凡事多爱自己一点，家庭也不会这么美满。"

　　"这是不是有点自私？"朋友半开玩笑地问，因为在他看来，一个大男人担忧的应先是一家老小的安危，而他却是自己。"

　　"不自私"，老华侨解释道，"家人在家乡，遇到了无论是病还是灾，身边有亲人，担忧是担忧，但总可以转危为安。但我不同，异国他乡，要自己做好一切准备，为免于患。"老华侨顿了顿，接着说，"平时对身体好的食物我从来不吝啬，该吃就吃，每个星期日我都会做自己喜欢做的事情，将心中的不快排解出去。每年夏天我都给自己十天假期，去海边游泳，晒太阳，让自己彻底地全身心地放松。正因为这样，我的身体和精神状态一直很好，我可以好好地工作多赚些钱让家人生活得更好。"

　　老华侨确实应该多爱自己一点，因为他是一家人心中的那座山。如果他不爱惜自己，逼迫自己像陀螺一样不停地旋转、旋转，那么很可能会出现不同程度的身心之患，到时再多的金钱也是枉然。关爱自己，幸福一家人。

　　懂得去爱别人，也学习爱自己，懂得幸福是自己给创造出来的。这是我们需要学习的一门与幸福息息相关的课题！如果你觉得不够幸福，那么，就多给自己一点点爱，从现在开始先和自己谈恋爱吧！

小鱼不孤独

因为懂得，所以给予。

忙碌的我们似乎越来越不快乐了，忧郁和孤独不断充斥着生活。我们为什么会忧郁？为什么会孤独？著名心理学家荣格的观点是："我的病人中大约三分之一都不是真的有病，而是由于他们只爱自己，只在乎自己的所得与所失，对周围的一切表现出冷淡、怠惰、不在乎、无所谓的态度。"

那么，我们应该如何做呢？不妨来看一个故事。

在暴风雨后的一个早晨，沙滩的浅水洼里有许多被暴风雨卷上岸来的小鱼。它们被困在浅水洼里，回不了大海了。用不了多久，浅水洼里的水就会被沙粒吸干、被太阳蒸干，这些小鱼都会被晒死。

有一个小男孩走得很慢很慢，而且不停地在每一个水洼旁弯下腰去——他捡起水洼里的一条条小鱼，并且用力把它们扔入大海。太阳炙烤着沙滩，小男孩的汗水不停地流着，腰酸、胳膊痛，但他还是在不停地扔着小鱼。

有人忍不住走过去："孩子，这水洼里有这么多条小鱼，你救不过来的。"

"我知道。"小男孩头也不抬地回答。

"那你为什么还在扔？谁在乎呢?!"

"这条小鱼在乎！"男孩儿一边回答，一边继续拾起一条小鱼扔进大海，

"这条在乎，这条也在乎！还有这一条、这一条、这一条……"

在小男孩的心目中，每一条小鱼都是独立、完整的生命，都有获得同情、关爱和呵护的需要。尽管这么多小鱼他救不过来，可是对于被救的小鱼来说，他的新生不就意味着重新获得了整个世界吗？有什么理由不倾情相救呢？

是啊，"生命诚可贵"，大街上可怜的乞丐们，被抛弃的孩子们，被冷落的老人们，他们难道不是和小鱼一样的生命吗？每个人都需要关爱，生活上也少不了关爱，那我们就应该去关爱他人，这样世界上才会充满——爱！

"相逢何必曾相识"，人与人之间的关爱不是只存在于亲朋好友间，我们应该充满热情地帮助任何一个需要我们的人。爱心，无须用多么高深的语言来阐明，也不必做出一番惊天动地的事来，完全可以通过点滴小事做起。比如，搀扶一个盲人过马路，去养老院探望孤寡老人，省下几包烟钱对困难家庭的帮助，向希望工程捐献财物……

对许多人来讲，这些都是一些举手之劳的小事，却能使他人感到这个社会的温情。爱心是冬日里的一缕阳光，使饥寒交迫的人感受到生活的温暖；爱心是黑夜中飘荡在夜空中的一首歌谣，使孤苦无依的人感到心灵的慰藉；爱心是洒落在久旱土地上的一场甘霖，使心灵枯萎的人感到情感的滋润。

在 20 世纪爆发的一场战争中，一名叫丽娜的普通家庭主妇从报纸上看到，参战的士兵因思念亲人倍感孤单、失落，作战士气极为消沉，于是她决定以亲人的身份给他们写信：收信人是"每一位参战的士兵"，落款一律是"最爱你们的人"。信的内容风趣幽默、关怀备至。直至战争结束，丽娜一共寄走了 600 多封信，她认为自己所做的一切不值一提。

日子一天天过去，转眼间战争结束已经快 10 年了。一天清晨，丽娜梳洗完毕要去上班，打开房门的一刹那，她惊呆了：门口笔直地站着一排排穿戴整齐的绅士。他们每人手里拿着一束玫瑰花，见到她簇拥了上来，齐声喊道："我们爱你，丽娜女士！"丽娜此时像万人追捧的明星，被鲜花和掌声包围住。

原来，在战争结束十周年之际，参战士兵联合会进行了"战争中我最难忘的事"的评选活动。所有收到信件的士兵至今都难以忘怀，在那艰难的岁月这些信给了他们无穷的信心和勇气，于是他们决定找到写信人。通过寄出信的邮局，他们知道了丽娜的详细地址，相约来答谢这位伟大的女士。

丽娜的眼睛湿润了，她从没想过，一封封信件居然会让这些经历了战火纷飞、生离死别的老兵们念念不忘，此时的她是幸福的。

爱，真的是一件神奇而美好的事物，它最神奇的一面就是让施爱者能够体会到幸福。当你把爱的阳光传递给别人时，即便微不足道，你的内心也会被阳光照亮。"送人玫瑰，手有余香"，在献出爱心芬芳众人的同时，最幸福最陶醉的还是我们自己，人性的光辉如日月般升腾于这个世界。

"只要人人都献出一点爱，世界将变成美好的人间。"歌曲《爱的奉献》中这句很流行的歌词表达了人们对爱的呼唤和向往。无论何时何地，我们要爱生命里的每一个人，怀仁爱之心，推仁爱之举，用爱筑起一道坚固的防梯。

最伟大的父母

父爱如山，母爱如海。

在爱的花园中，有一朵花没有浓烈的香气，没有美艳的花形，看似那样平凡无奇，那样容易被人忽略，但是它是开得时间最久的，就算干枯了花色也不退，这朵花就是父母对儿女的爱。他们将全部的爱奉献出来，默默付出不求回报，将不平凡的爱寓于平凡中，是那么深沉、隽永、悠长！

可是我们呢？总是认为这种爱是理所应当的，总是在强调着自己的酸甜苦辣，终日迷恋于什么面子、金钱、权力……一次次把父母抛之脑后，"等我升职了一定回家看他们"、"等我发达了再好好孝敬他们"……一年又一年，任孤独一再地摧毁父母的容颜，任辛苦不停地压弯父母们的脊梁。

殊不知，人生中很多事情是可以等的，但是对待父母的爱，孝敬父母是不能等的。因为，时间如水，我们在一天天成长的同时，父母却在一天天老去。即使我们对父母的感恩来得及，我们是否想过父母等得及吗？那个时候恐怕他们已经无福消受了，世间最痛苦的事情莫不过于"子欲孝而亲不待"。

杨伟在京城有一份体面的工作，那是一个离家很远的城市。职场上的竞争压力让杨伟不敢松懈，而且他一心想得到更多升职的机会，回家看望父母的时间特别少。每次打电话回家，两位老人都会问："你这周末有时间吗？回家看看吧！"杨伟总是搪塞着，他已经记不清有多少次这种电话了，而母亲也通情达理，"没事，忙你的工作吧，有你父亲陪着我就行。你好好照顾自己，我就放心了。"

这次，父亲打来了电话，坚持要杨伟回家看看，说是母亲生命垂危。杨伟赶紧放下手头工作驱车回家。见到母亲的一刹那，他呆住了，半年没见母亲居然瘦弱得不成样了……原来，母亲一年前就已经查出患了癌症，她想告诉杨伟这个噩耗，但又担心耽误孩子的正常工作，只好每次打电话时问杨伟回不回家。但是每次杨伟都会有各种各样不回家的理由，母亲只好无奈地作罢。

怎么会这样，怎么会这样？杨伟的内心像针扎了一样，这些年他只想着通过自己的奋斗让父母将来过上好日子，万万没想到母亲已经等不了了，他恨自己当初的无知，后悔没有好好陪陪母亲。杨伟任由泪水肆意地流淌着，这是愧疚的泪，也是痛苦的泪，是对于自己不孝的忏悔的泪……

"慈母手中线，游子身上衣。临行密密缝，意恐迟迟归。"多么真实的生活写照，它道出了所有父母的心声。正因为如此，趁父母还健在时，去爱他们吧，说出对他们的爱吧！一定！这是因为，明天或许就晚了，到那时，那些没有说出口的感激的话语、爱的话语将如鲠在喉，使你感到沉重和痛苦，无法解脱！

其实，仔细想想，父母盼望的不是儿女的飞黄腾达，需要的不是儿女充裕的物质孝养，他们的要求很简单，子女平安幸福就好，子女常回家看看就好，子女多一些问候就好。一旦感受到子女的挂念和关爱，他们的心中就会洋溢着一股别样的幸福和快乐，这远胜过物质的慰藉。

所以，孝顺不在于你物质上的给予有多少，不在于你心里想了多少，而在于你真心去做了多少，在于蕴涵其间的真情挚意。别再找各种各样的理由了，从今天开始，常回家看看父母，抽时间陪陪父母，听从父母的教导，关心父母的健康，分担父母的忧虑，好好用爱回报父母吧，让他们真正享受你所给予的快乐。

正如《常回家看看》里唱的那样："找点空闲，找点时间，领着孩子常回家看看，带上笑容，带上祝愿，陪同爱人常回家看看。妈妈准备了一些唠叨，爸爸张罗了一桌好饭。生活的烦恼跟妈妈说说，工作的事情向爸爸谈谈。老人不图儿女为家做多大贡献，一辈子总操心就为了平平安安。"

还有这样一段感人至深的文字，相信每个人读完之后都会百感交集："他们花了很多时间，教你用勺子、筷子吃东西，教你穿衣服，绑鞋带，系扣子，教你洗脸，教你梳头发，教你做人的道理。所以……当他们有一天变老时、当他们想不起来或接不上话时、当他们啰啰嗦嗦地重复一些老掉牙的故事时，请不要怪罪他们；当他们忘记绑鞋带、系扣子，当他们开始在吃饭时弄脏衣服、当他们梳头时手开始不停地颤抖，请不要催促他们……因为你在慢慢长大，而他们却在慢慢变老……只要你在他们眼前的时候，他们的心就会很温暖。如果有一天他们站也站不稳、走也走不动的时候，请你紧紧握住他们的手，陪他们慢慢地走，就像当年他们牵着你一样。"

"父兮生我，母兮鞠我，拊我蓄我，长我育我，顾我复我。"做儿女的不能总想着要"索取"爱，要父母理解你，包容你，而是要时时刻刻想着怎么"给予"爱，尽可能地对父母做一些感恩的事情，你会发现，这不仅是善待父母也是善待自己，每一次付出都是对内心的洗礼，每一次给予都是精神的升华。

爱是幸福的土壤

没有爱的幸福是苍白的。

人们常说："有了家就等于有了温暖，家是我们遮风避雨的港湾。"没错，有了家就等于有了一切，有了家人的爱护和关心，无论生活有多么困苦，我们都能体会到幸福的滋味。当然，前提是用真爱呵护家庭。

罗斯福还是个小男孩的时候，他认为自己是世界上最不幸的孩子：他的腿因脊髓灰质炎留下残疾，长着一口参差不齐的牙齿，经常被小伙伴们嘲笑。罗斯福很自卑，走路都不敢抬头。父母看在眼里，疼在心里。

有一次罗斯福的父亲带回几棵树苗，让孩子们栽到后花园里，并说谁的树长得最好就能得到一件惊喜的礼物。罗斯福不自信，勉强栽了一棵树后就再没有管过，但最后他的树苗长得最好，他得到了父亲赠送的礼物。自己从没照顾过那棵树，它为什么会长得那么好？罗斯福很不解，一天他悄悄起床走到后花园，远远地看到父亲蹲在地上，正在为自己的那棵树浇水施肥。他躲在一丛花草后，泪水禁不住流了下来：原来父亲这么爱我呀，我以后决不能让他失望！

为了使罗斯福更好地成长，母亲在生活上给予了他无微不至的照顾，而且还千方百计地培养他，为他请来了家庭教师教他法语和德语，还给他安排了钢琴、绘画课。与此同时，母亲还为罗斯福记日记，详细记录了罗斯福的成长过程和兴趣爱好。在母亲的关爱和激励下，罗斯福学习非常努力，后来他成为了美国总统。

爱是家庭必不可少的部分，家庭成员之间相濡以沫、亲密无间的关系，对我们抗压、抗挫折的能力会产生重大影响。罗斯福正是由于父母深切的爱，才重新变得自信乐观起来，才敢于面对外面的风风雨雨，才有了后来的成就。

家——你有一个家，我有一个家，在这喧闹的都市中，人人需要一个温馨的家。家是青砖灰瓦红窗花，家是柴米油盐酱醋茶。家是儿和女，家是爹和妈，家是一根扯不断的藤，藤上结着酸甜苦辣的瓜。和谐的家庭需要每个家庭成员的情感支持，彼此关爱对方，牵挂对方，鼓励对方，是我们获得幸福的最好途径。

因此，要想拥有一个幸福的人生，那么就请为你的家，为你的家人奉献你所有的爱。爱，应多一份关爱，少一份冷漠；多一份真诚，少一份虚假；多一份信任，少一份猜疑；多一份尊重，少一份伤害。关爱、真诚、信任、尊重，一个人若能往家庭里投入这些，那么就能"浇灌"出一朵美丽的幸福花。

家是最温暖的地方，是心灵的绿洲和歇息之地，家不仅是一种爱的享受，也是一种付出，更是爱的积累。用爱来构建你的家庭，当你的家中充满爱时，财富和成功也会相伴而来，如此也就能够安然地享受生活。

有位妇人走到屋外，看见自家院子里坐着三位老人。她并不认识他们，但是她是一个善良的人："你们应该饿了，请进来吃点东西吧。"

"我们不可以一起进入一个房屋内。"老人们回答说。

"为什么呢？"妇人奇怪地问。

其中一位老人指着他的一位朋友解释说："他的名字是财富。"然后又指着另外一位说："他是成功，而我是爱。"接着又补充说："你现在进去跟你丈夫讨论看看，要我们其中的哪一位到你们的家里。"

妇人进屋跟丈夫说了此事，丈夫高兴地说："让我们邀请财富进来！"

妇人并不同意："何不邀请成功呢？"

女儿听到了父母的谈话，建议道："我们邀请爱进来不是更好吗？"

这对父母应允了，妇人到屋外问："三位老者，请问你们哪位是爱？"

"爱"起身朝屋子走去，另外二者也跟着他一起。

妇人惊讶地问"财富"和"成功"："我只邀请爱，怎么连你们也一道来了呢？"

老人们相视一笑，然后齐声回答道："如果你邀请的是财富或成功，另外两个人都不会跟着走进去的，而你邀请爱的话，那么无论爱走到哪儿，其他两个人都会跟随的。哪儿有爱，哪儿就有财富和成功。"

"我喜欢一回家就把乱糟糟的心情都忘掉，我喜欢一起床就带给大家微笑的脸庞……我喜欢快乐时马上就想要和你一起分享，我喜欢受伤时就想起你们温暖的怀抱，我喜欢生气时就想到你们永远包容多么伟大……因为我们是一家人，相亲相爱的一家人。有福就该同享，有难必然同当，用相知相守换地久天长……"

让我们记住这首歌，让我们拥有它所说的幸福，用爱"浇灌"出幸福花。

第八章

学会了珍惜，加倍了拥有

失去才知道珍贵，便有了珍惜的感叹。其实，珍惜是一种高品位。懂得珍惜的人，钻石更耀眼，泥土也芳香。

一瓢

溺水三千，我有一瓢，足矣。

等将来有钱了，一切就好了。有了钱能买到好吃的、好穿的、好住的，就能提高生活的质量，到时候就幸福无忧了。你是不是也经常一边忙忙碌碌奋斗，一边这样安慰自己？但拥有了金钱真会拥有幸福吗？未必！

有这么一个故事。

一个富翁坐拥百万资产，并拥有一栋豪华住宅，但是他时常觉得生活痛苦，因此寝食不安，闷闷不乐，他觉得等将来更有钱了，一切就好了。

一天，富翁去乡下旅游，他看到一家做豆腐的穷夫妇，他们穷得只剩下光秃秃的四面墙了，每天需要从早忙到晚，不停地做豆腐、卖豆腐，但是他们脸上常常挂着微笑，孩子们也在笑声中玩耍，皆没有因为家境贫寒而闷闷不乐。

富翁很奇怪，不解地问："你们这么贫困，为何看起来这么幸福？"这个女人放下手中的活，回答道："我们是没钱，但我们一家人可以整天在一起劳动，父老乡亲可以享受我们的美味食品，我们又可以交到很多的朋友，为什么不幸福呢？"

富翁怔住了，惊诧不已，思索良久……

在这个故事中，百万富翁和乡下仅能温饱的豆腐夫妇，物质上显然不成比例，但在精神的愉悦上，前者并不见得会比后者开心。由此可见，幸福与一个人所拥有的物质财富的数量不能画等号，因为幸福和心态有关，幸福的成本很低！其实说白了，幸福完全是一种对生活的认同和心灵的感受。

一个人只要内心觉得幸福，清贫而听着风声也是一种幸福。孔子曾经夸赞他最疼爱的弟子颜回："贤者回也，一箪食，一瓢饮，在陋巷，人不堪其忧，回也不改其乐。"住在一个破烂的小地方，厨房里只剩下一小筐粮食，一小勺水，别人都忧虑得焦头烂额了，颜回仍然不改其乐，无疑他是幸福的。

没有钱不一定不幸福，如果一定要给幸福加上成本，那么低成本的幸福往往更让人快乐。低成本的幸福生活，未必不是没有质量的。所谓低成本幸福，就是知足常乐、笑逐颜开，用平常心观平常事，在不起眼的生活中寻找幸福。生活中，大凡追求低成本幸福的人，往往在不起眼的地方常怀有幸福感。

亚马孙河流域的热带雨林里，有一种藤本植物生长在被高大茂密的树木遮蔽得严严实实的林子里，终生难以见到阳光。但就是这种植物练就了一种特殊本领：它们能抓住从树缝里透射进来的一点点阳光，瞬间开出绚丽的花朵！人生其实也需要抓住幸福的本领，哪怕是缝隙里透过来的一点点"阳光"，也要将自己的幸福彻底绽放。

眼前的一山一水、一草一木、鸟语花香，生活中的人情世故、家庭的天伦之乐都是感受幸福的平台。清人石成金的《莫恼歌》说出了低成本幸福的本意："莫要恼，莫要恼，明日阴晴尚难保。双亲膝下俱承欢，一家大小都和好，粗布衣，菜饭饱，这个快活哪里讨。富贵荣华眼前花，何苦自己寻烦恼。"

下面，让我们来看看日本喜剧泰斗、著名作家昭广的成长故事。在日本战后那段物资极度匮乏的日子里，外婆用信念和智慧将生活打理得温暖而光亮，教会了昭广如何在平凡中发现幸福和快乐，用真心去展露笑容。

"二战"结束以后，因为生活的变故，年仅 8 岁的昭广被寄养在乡下的外婆家里。外婆家十分贫穷，昭广喜欢运动，外婆没有购买体育用品的费用，便建议昭广练习跑步，因为跑步是不用花钱的，昭广后来竟然成为了运动会的赛跑明星。

为了维持生活，外婆在家门外的小河里横着放了一根木头，用以拦截上游漂浮过来的各种物品，穿破的衣物，不够规格的蔬菜，畸形的水果，树枝等等，外婆说这是她家的超市。每当上游漂下来很多东西的时候，看着这些战利品，昭广和外婆都会为这意外的收获而欢呼雀跃。有时候木头什么也没有拦截到，外婆会说："今天超市休息吗？"

昭广与外婆一起生活了 8 年之久，在开朗乐观的外婆那里昭广学会了许多，无论遭遇怎样的困境，他都能够微笑面对。他将生活的真实感融入到喜剧表演中，以精湛的表演将快乐传播给了众人，后来成为了闻名世界的喜剧演员。

昭广的故事在日本家喻户晓，相信每一个人也会从中得到有益的启示。是的，快乐和物质没有多大的关系，贫穷的生活也可以是幸福快乐的。而且，低成本的幸福是一种没有风险的幸福，是一种实实在在触手可及的幸福，也是一种精神的修炼和优良品性，还是一个人难得的精神财富。

幸福是每个人都需要的，要想将平凡的生活活出一些味道来，我们必须得学学亚马孙河流域热带雨林里的藤本植物，有一点点阳光就尽情地灿烂。不要等到拥有了公司、拥有了亿万身家、拥有了私人豪宅，你才觉得是幸福的。怀有一颗幸福的心，学会降低幸福的成本，幸福就是无处不在的。

幸福，是一碗炸酱面就能饱腹的惬意；是拉着爱人的手走进 20 元一张门票的电影院。假如你认为旅游是一种幸福，那么在没有足够的经济支持或囊中羞涩时，上网看世界风光的图片也是可以一饱眼福的。多么低的幸福成本啊！幸福其实没有那么贵，何不抓住每一刻好好享受呢？

你心珍贵

在心的土地上，播下最珍贵的种子。

一个老太太不管是晴天还是雨天她都整天坐在路口哭，因为她的大女儿是卖伞的，二女儿是卖布鞋的。下雨时她哭，是因为今天二女儿没生意，晴天时她哭，是替卖伞的大女儿难过，所以人称她为"哭婆婆"。

一天，一位禅师遇到了哭婆婆，一语把她从迷雾中拉了回来，禅师说："老人家大可不必天天忧心，下雨的时候，你要想卖伞的女儿生意好，天晴的时候你要想卖鞋的女儿卖得好，这样你就自然不会哭了。"

听了禅师的一番话，老太太顿悟，从此街头便有了一个总是乐呵呵的"笑婆婆"。

哭婆婆变成了一个笑婆婆，这里的关键就在于她看待事情的角度发生了改变。凡事总往坏处想，每天都有麻烦事，只能处处碰壁；而凡事多往好处想，每天都是好日子，就会海阔天空。有什么样的想法，就有什么样的日子。明白了这个道理，那么我们就要调整自己的心态，凡事多往好处想。

如果将心灵比作一方土地，那么你种下什么，就能收获什么。每个人都有这样一块心田，关键在于如何耕种。如果你播上"良种"，如各种健康的思想观念、正确的生活理念，那么你就会收获这些良好的东西。相反，播撒"劣种"的话，它就会长满杂草逐渐荒芜，使人消沉委靡，腐蚀人意志，消融人生活热情和信念。

是我们的选择决定了我们的心情，甚至改变了我们的际遇。既然这样，为何不耕好自己的"心田"，多往好的一面想呢？凡事多往好处想，是一种科学的人生态度，是一种健康积极的人生哲学，是心理健康之道，也是幸福快乐的不二法门。凡事多往好处想，你会发现事情远远没有想象得那么糟糕，再不幸的生活也可以是一片艳阳天。

苏格拉底单身时和几个朋友一起住在一间很狭小的小屋里，生活非常不便，但他整天乐呵呵的。有人问："那么多人挤在一起，你有什么可乐的？"苏格拉底说："我们随时都可以交换思想，交流感情，这是多么值得高兴的事情。"

过了一段时间，朋友们相继搬了出去，屋子里只剩下了苏格拉底一个人，但是他仍然很快活。那人又问："你一个人孤孤单单的，有什么好高兴的？""一个人安静，我可以认真地读书，这怎能不令人高兴呢？"

几年后，苏格拉底搬进了一座七层大楼里，他住最底层。底层的环境很差，上面老是往下面泼污水，丢破鞋子、臭袜子和乱七八糟的东西。苏格拉底还是一副自得其乐的样子。那人又好奇地问苏格拉底为什么高兴，苏格拉底回答："住一楼进门就是家，上下楼、搬东西都很方便，而且还可以在空地上种花草……这些乐趣呀，数也数不尽！"

过了一年，七楼有一个偏瘫的老人嫌上下楼不方便，苏格拉底便将一层的房间让出来，搬到了七楼，每天他仍然是快快乐乐的。那人揶揄地问："住七楼是不是也有许多好处啊？"苏格拉底说："是啊！没有人在头顶干扰，白天黑夜都非常安静；每天上下楼几次，有利于身体健康；光线好，看书写字不伤眼睛。"

后来，那人遇到苏格拉底的学生柏拉图，问道："你的老师所处的环境并不那么好，但他为什么总是那么快乐呀？"柏拉图说："你不能控制他人，但你可以掌握自己；你不能左右天气，但你可以改变心情。只要你想，每天都是快乐的。"

看到了吧，世间很多事情都是有利有弊，但是事情本身并无所谓好坏，关键在于你怎么想，是你的态度决定了你的生活是好是坏。美国最受尊崇的心理学家威廉·詹姆斯就曾说过这样一句话："我们的时代成就了一个最伟大的发现——人类可以借着改变自己的态度，改变自己的人生！"

比如，年过半百的你坐公交车时没有人给让座位，你可能会感到生气、失望，但如果这样想："我还没有老，我还年轻。假如我老态龙钟的话，别人早就给我让座了。"心里势必会乐滋滋的，仿佛又年轻了许多！你为公婆付出了许多，跟着丈夫没享过福，此时不妨想想有地方住，有饭吃，双亲俱在，可以共享天伦，是不是觉得生活变得好了呢？

要获得快乐没什么秘诀可循，唯一的办法就是耕好自己的"心田"。只要心境明朗，自为自乐，我们往往就能获得生命的新意和对生活的一种全新理解，认识到每天都是个好日子。如此，人生还有什么事情能被困住的呢？

每天都是好日子，出自禅宗大师云门之口。

一个月皎气清的夜晚，云门禅师把弟子们召集在一起讲法，道："十五日以前不问汝，十五日以后道将一句来！"弟子们听了面面相觑，他便自己代答说："日日是好日。"这段对话非常有名，翻译成白话就是：云门禅师问弟子们："开悟以前的事我不问你们了，开悟以后的情境，你们试着用一句话说来听听！"弟子们冥思苦想，不知如何应答，云门禅师说："天天都是好日子呀！"

面对人生，安贫乐道，"春有百花秋有月，夏有凉风冬有雪，若无闲事挂心头，便是人间好时节。"春有百花，秋有圆月，不错，夏有凉风，冬有雪景，也很好；晴天时，则爱晴；雨天时，则爱雨；有乐趣时，则快乐，没乐趣时，也快乐，这绝对是超然豁达的境界，这份安然实在令人羡慕！

错过的珍惜

有些错过，是为了不再错过。

生命中一些极美极珍贵的东西，常常与我们失之交臂，而这些错失往往会变成一把锋利的刀子，一刀一刀地在我们心上剜出血来。所以有人说：但凡世间的好事物中都暗藏了一些遗憾，错过是最深刻的痛苦，几多愁思，几多无奈。

但是，跋涉于漫长的生命之旅中，我们每一个人是否可以将一路的美景尽收眼底，不留一丝遗憾呢？不，不可能，甚至大多数的时候我们常常错过它们，毕竟我们的视野、时间和精力有限。如果不肯错过一些景色，为此殚精竭虑，费尽心机，那么很可能令身心疲惫不堪，错过前方更迷人的景色。

从前，一位热爱旅行的人听说一个遥远的地方景色绝佳，于是他决定不惜一切代价也要找到那个地方，一览秀色。经历了数年的跋山涉水、千辛万苦后，他盘缠已经用光，身心已相当疲惫，但目的地依然遥遥无期。

这时，有位智者给他指了一条岔路，告诉他美丽的地方很多很多，没有必要非要去那个地方不可。旅行者按智者的话去做了，不久他就看到了许多异常美丽的景色，他赞不绝口，流连忘返，庆幸自己没有一味地去找寻那个美丽的地方。

生活在错综复杂、变幻无常的现代都市中，我们每个人不可避免地都有很多的错过。比如，错过了绚烂的朝霞和夕阳，错过了青春年少的创业资本，错过了使事业走向高峰的机会，错过了……虽然错过是一种令人伤感的遗憾，但是错过能使我们看清自己，认清方向，而拓展生命宽度，成就人生高峰。

更何况，人生总是有得有失，有成有败，"失之东隅，收之桑榆"、"塞翁失马，焉知非福"，已经错过了就错过，也许得到它并不是最明智的选择，有时候错过会有意想不到的收获，遇见别样的美丽。西方也有一句谚语同样表达这样的情景：上帝在关上一扇窗户的同时，也打开了另一扇窗户。

美国著名的哈佛大学要在中国招一名德才兼备的学生，这名学生的所有费用由美国政府全额提供。初试结束了，有30名学生成为候选人。考试结束后的第10天是面试的日子，30名学生及其家长云集在一家饭店等待面试。

当主考官劳伦斯·金走进饭店大厅时，大家一下子围了上去，迫不及待地做起了自我介绍。一名学生由于起身晚了一步，没来得及围上去，等他想接近主考官时，主考官的周围已经是水泄不通了，根本没有插空而入的可能。"唉，真遗憾，我就这样错过了接近主考官的大好机会"，该学生懊恼起来。正在这时，他看见一个异国女人有些落寞地站在大厅一角，像是遇到了什么麻烦，于是他走过去彬彬有礼地问道："夫人，请问您有什么需要我帮助的吗？"接下来，两个人聊得非常投机。

出人意料的，这名学生居然被劳伦斯·金选中了。"在30名候选人中，我的成绩不是最好的，而且我错过了跟主考官直面交流的最佳机会，怎么会是我呢？"该学生自己都有些疑问，后来他才知道那位异国女子是劳伦斯·金的夫人。

错过并不等于失去，错过并不一定是遗憾，有时甚至可能是圆满。

还有这样一则故事，说是一位教授没有被心仪的大学成功聘用，于是他回到乡下开始了田园生活，种种菜，养养鸡鸭，享受着最自然的风光。错过了城市的亮丽多彩，错过了城市里有滋有味的生活，而去乡下体验农家的快乐，"采菊东篱下，悠然见南山"。这是何等的诗意，何等的自由，何尝不是一种美丽呢？

的确，当你错过了进剧院的时间，但在剧院门口外，你遇到了多年不见的好友时，你还会叹息这次的"错过"吗？当你在雨天错过了一辆公交车，你也许会懊悔，但如果因此你买到了久访不得的诗集时，你还会怨恨这次的"错过"吗？"错过"编织了我们人生的经纬网，见证着我们斑斓多彩的生活。难道，不是吗？

昙花错过了与白天的相聚时光，选择在黑夜中释放它的光芒，于是就有了黑夜里蓦然出现的一方娇艳；梅花错过了与春天的温馨约会后，选择在凛冽的寒风中开放，于是就有了在冰天雪地里一株灿然开放的梅花的孤高身影……懂得错过，是一种领悟，是一种选择，也是一种体会。错过需要勇气，也需要智慧。

因此，不要为错过而惋惜，不妨大气地接受这种遗憾，在沉沉的思索中把它理解成一种警戒，看成提醒。凭着对未来的希望和憧憬，昭示自己奋力前行，去寻找另一个目标，力挽狂澜于即倒，增加生命的深度。最后，你仍然可以说："虽然错过了太阳，但我毕竟抓住了月亮和群星。"

蘑菇就在脚下

你的眼可以近视，但心不能。

西方有一则寓言：一个小男孩提着篮子去田里捡蘑菇，捡到一个后就想：下一个可能比这个还大，于是丢弃了这个再去捡，但下次捡到的反比前一个小。他当然不甘心，总想要捡到一个最大的，于是扔了再去捡。就这样，扔了又捡，捡了又扔，篮子里一直是空空的。

这种"捡蘑菇"的心境大多数人都经历过，我们常会有好高骛远的心态，不自觉地给自己戴上望远镜，盯着很多很远的目标，结果小事瞧不起不愿做，而大事想做却做不来，或者轮不到做，最终英雄无用武之地，落空而归，一事无成，梦想化作一缕清风无处寻觅，空有抱怨，空有妒忌。

殊不知，高远的目标是激励人心且十分美好的，虽然我们可以心想往之，在无限的憧憬中尽情享受，但是最好的日子还是现在，身边比较清晰的显而易见的事才是我们应该努力做好的。捡起脚下的"蘑菇"，先别管它是大是小，只有这样才能真正有机会捡到"大蘑菇"，实现高远目标。

这个道理很简单，一项大目标是由很多小目标组成的，很多的小目标汇集在一起就是一个大目标。实现一个大目标，实际上就是去做那些小事情，只有把小事情做好了，实现了小目标，通过一点一滴的积累，才能最终实现大目标。古曰"不积跬步，无以至千里；不积小流，无以成江海"，说的正是这个道理。

尹梦是一名音乐系的大三学生，她给自己制定了一个目标，就是做一名出色的音乐家，但是她在音乐方面的发展不顺遂，这使得她一会雄心万丈，一会随波逐流，想了许多办法都没有摆脱这种困扰。"唉，为什么我不能够成为音乐家？""成为一名音乐家就这么难吗？"尹梦将自己的迷茫倾诉给了大学老师。

"想象你五年后在做什么？"突然间老师冒出了一句话，"别急，你先仔细想想，完全想好，确定后再说出来。"

沉思了几分钟，尹梦回答道："五年后，我希望能有一张唱片在市场上，而这张唱片很受欢迎，可以得到许多人的肯定。"

"好，既然你确定了，我们就把这个目标倒算回来，"老师继续说道，"如果第五年你有一张唱片在市场上，那么你的第四年一定是要跟一家唱片公司签上合约，那么你的第三年一定是要有一个能够证明自己实力、说服唱片公司的完整作品，那么你的第二年一定要有很棒的作品开始录音了，那么你的第一年就一定要把你所有要准备录音的作品全部编好曲，那么你的第六个月就是筛选准备录音的作品，那么你的第一个月就是要把目前这几首曲子完工。那么，你的第一个星期就是要先列出一整个清单，排出哪些曲子需要修改哪些需要完工，对不对？"

"不要去看远处模糊的东西，而要动手做眼前清楚的事情"，老师意味深长地说。

听了老师的话，尹梦犹如醍醐灌顶，恍然如梦。自此，她脱离了那种虚无缥缈的期盼，接下来的一个星期她列出了一整个清单，然后一步步开始实现自己的目标，最终成为了一名出色的音乐家。

可见，好高骛远，想一蹴而就，不但违反自然规律，而且寸步难行，只会使自己失望，加深挫折感而已。要想成功，唯一的办法就是以立足的地方为起点，踏踏实实地走好脚下的每一步，不害怕困难和挫折，一步步缩短梦想与现实之间的距离，那么最终任何梦想都能够成为现实。

踩实人生的每一步，一步一个脚印，听起来好像没有冲天的气魄、没有诱人的硕果、没有轰动的声势，可细细琢磨一下：每天一步一个脚印，不需要付出太大的代价，只要努力就可以达到目标。心里踏实，步履稳健，迎接明天的早晨就不会心虚，在不动声色中就能创造一个震撼人心的奇迹。

洛杉矶湖人队负责人以年薪 120 万美金聘请了一位教练，他们希望教练能够通过高明的训练方法，帮助队员们提升战绩。但是，教练来到球队之后，却没有什么独特的训练方法，而是对 12 个球员这样说道：——我的训练方法和上任教练一样，但是我只有一个要求，你们可不可以每天罚篮进步一点点，传球进步一点点，抢断进步一点点，篮板进步一点点，远投进步一点点，每个方面都能进步一点点？

天啊！这是什么训练方法，负责人在心里偷偷捏了一把汗。不过，很快他就改变了自己的态度，他不得不佩服起教练来。因为在新季度的比赛中，湖人队大败其他球队，勇夺 NBA 总冠军。对于自己的"战果"，教练总结说，因为 12 个球员每一天在 5 个技术环节中分别进步 1%，所以一个球员进步 5%，而全队进步了 60%。这些天来，他们每天坚持进步一点点，可想而知他们的进步有多大……

积跬步以至千里，积小流以成江海。没有漫长的量的积累，怎么可能有质的飞跃？

每个人都希望生活如沐春风、如鱼得水，每个人都向往事业高升、飞黄腾达，但没有谁会白白地送给我们这一切，只有用我们的忍辱负重和坚韧不屈去赢取。从眼前的一点一滴做起，每天一步一个脚印，这应该是我们追求的目标，也是值得一辈子去付诸努力的事情。加油！

黑暗中的光明

每一线光明都那么可贵，尤其在黑暗中。

太阳东升西落，于是就有了一天的昼和夜。昼夜交替，顺逆相依，这本是自然运转的规律。问题是很多人身处黑夜，看不到希望，看不到转机时，往往如同热锅上的蚂蚁，失去理智，不能判断方向，手忙脚乱，结果无功而返。

身处黑夜困境并不可怕，可怕的是丧失斗志、放弃希望。人生的成功与否，其实在于心境，在于我们能否在黑夜中寻找光明。事实上，黑暗中我们还有很多事情可做，比如顺手"摘下一个苹果"。

这里有一个很动人的小故事。

在一座香火旺盛的寺庙里，住持年岁已高，便想从众多的弟子中，选出一个能担当大任的人继承他的衣钵。为了公平起见，这天，他将所有弟子召集在一起，吩咐说："每人去南山打一捆柴，谁打的柴最多，我就将住持的位置传给谁。"

徒弟们听后，欢呼雀跃，心想：不就打一捆柴吗？这有何难。匆匆行至离山不远的河边，人人都目瞪口呆。只见洪水从山上奔泻而下，无论如何也休想渡河打柴了。无功而返，弟子们都有些垂头丧气。唯独一个小和尚与住持坦然相对。

住持问其故，小和尚从怀中掏出一个苹果，递给住持说："过不了河，打不了柴，见河边有棵苹果树，我就顺手把树上唯一的一个苹果摘下来了。"后来，这个小和尚成了住持的衣钵传人。

记得诗人顾城的一首诗中有这样一句话："黑夜给了我黑色的眼睛，我却用它寻找光明。"的确，身处黑夜，不自暴自弃，仍然仰望光明并孜孜以求，哪怕抓住的只是身边细小的机会，有可能只是捡到一个"苹果"，也有可能使自己成为一个自强不息的人，谱写出一曲自强不息的人生赞歌。

历览古今，抱定这样一种生活信念的人，最终都实现了人生的突围和超越。其中，海伦·凯勒就为我们树立了楷模形象。

1880年，海伦·凯勒出生于亚拉巴马州北部一个叫塔斯喀姆比亚的城镇。在她一岁半的时候，一场猩红热夺去了她的视力和听力——她再也看不见、听不见，接着她又丧失了语言表达能力。海伦仿佛置身在黑暗的牢笼中无法摆脱，万幸的是她并不是个轻易放弃的人，她渴望光明。

不久，海伦就开始利用其他的感官来探查这个世界了。她跟着母亲，拉着母亲的衣角，形影不离。她去触摸，去嗅各种她碰到的物品。她模仿别人的动作且很快就能自己做一些事情，例如挤牛奶或揉面。她甚至学会靠摸别人的脸或衣服来识别对方，她还能靠闻不同的植物和触摸地面来辨别自己在花园的位置。

当然，对于一个聋盲人来说，要脱离黑暗走向光明，最重要的是要学会认字读书。而从学会认字到学会阅读，更要付出超乎常人的毅力。海伦是靠手指来观察家庭老师莎莉文小姐的嘴唇，用触觉来领会她喉咙的颤动、嘴的运动和面部表情，而这往往是不准确的。她为了使自己能够发好一个词或句子，要反复地练习，最终她凭借自己的努力考入了美国哈佛大学的拉德克利夫学院。在大学学习时，许多教材都没有盲文本，要靠别人把书的内容拼写在手上，因此海伦在预习功课的时间上要比别的同学多得多。当别的同学在外面嬉戏、唱歌的时候，她却在花费很多时间努力备课。

就在这黑暗而又寂寞的世界里，海伦竟然学会了读书和说话，并以优异的成绩毕业，成为一个学识渊博，掌握英、法、德、拉丁、希腊五种文字的著名作家和教育家，她的《假如给我三天光明》感人至深。之后，她走遍美国和世界各地，为盲人学校募集资金，把自己的一生献给了盲人福利和教育事业。她赢得了世界各国人民的赞扬，并得到许多国家政府的嘉奖。有人曾如此评价她："海伦·凯勒是人类的骄傲，是我们学习的榜样，相信众多的有疾病而聋、哑、盲的人都能在黑暗中找到光明。"

阴影恰好证明了阳光的存在，在黑夜中也能寻找到光明，海伦·凯勒并没有因为自己视野的盲区而遮住人生绚丽多姿的风采。原来，眼盲并不算是永别了光明。世界上没有无边的黑暗，只要拥有坚强的毅力和不惧黑暗的勇气，终究会看到黎明时喷薄的太阳，这也正是追求光明的意义所在。

如果海伦·凯勒的心完全被黑夜占据，迷失在自我的沉沦中，那么即使艳阳高照，她的心仍然是冰冷的，生活是阴郁的、黑暗的，更别提做出一番有意义的作为了。也就是说，一个人心中没有了希望，也就没有了斗志，他就被彻底地击败了。没有理性的照耀，才是真正的黑暗。

中国有一句古话，叫天无绝人之路，绝境之中往往也蕴含着机会，只要我们不绝望、不放弃，保持不灭的信心，在困境中找希望，哪怕这个希望只有万分之一，哪怕有可能只是捡到一个"苹果"，但这就是转机，是我们能否成功的关键，正可谓"幸运之神的降临，往往因为你多看了一眼"。

青霉素的发明就是一个很好的典型。

英国医学家亚历山大·弗莱明多年来一直在进行细菌的研究工作，他的研究对象是能置人于死地的葡萄球菌，为此需要经常培养细菌。1928年的一天，由于葡萄球菌培养基的盖子没有盖好，靠近封口的葡萄球菌被溶化成露水一样的液体，而且显示为惨白色。看来这次实验又失败了，弗莱明有些苦恼。

弗莱明刚想把这个"坏掉"的培养基扔掉，但是他又看了看，心想："这是什么物质呢？一定是有一种奇特的东西，把毒性强烈的葡萄球菌制伏了，消灭了。"于是，他对封口的泥土进行了化验和提炼，加倍仔细地观察、分析。终于，一种能够消灭病菌的药剂——青霉素被发现了，人类医疗事业翻开了新的一页。

巴尔扎克说过这样一句话："机缘的变化极其迅速，显赫的声名总是无数的机缘凑成的。"这并不是说幸运的机缘有多么容嚣，而是要我们善于发现机缘。这种善于便是在黑暗中寻找光明，比他人再"多看一眼"，别忘了摘个"苹果"来，不放过任何一个可能，并努力将它变为一种成功。

欢乐常有，不顺心的事也不可避免。在光明下欢笑是一种本能，而在黑暗中欢笑则是一种品质。在黑夜中寻找光明，需要具有"天生我材必有用，千金散尽还复来"的旷达，需要具有"采菊东篱下，悠然见南山"的闲适。这是一种心胸之宽广，是一种力量之博大，更是一种从容的安然。

第九章

柔眼慈心，温暖整个世界

  面对蝼蚁，你眼中看到的是可怜，我眼中看到的是可爱。万物众生，慈悲为怀，蝼蚁就是你我，"相煎何太急"，不如温柔共处。

蚂蚁也会痛

生如蝼蚁，怜怜相惜。

人与人之间是存在差异的，如有的人事业风光，有的人下岗失业；有的人腰缠万贯，有的人贫困潦倒……基于此，有些人习惯在不如自己的人面前大耍派头，威风凛凛，盛气凌人于无形，殊不知这是一种不尊重他人的表现，只会招致别人的反感，自取其辱，让自己难以下台。

有一次英国大文豪萧伯纳在苏联莫斯科访问，他在街头散步时见到一个非常可爱的小女孩，便和对方玩了起来。分手时萧伯纳笑着对小女孩说："小姑娘，回去告诉你的妈妈，你今天和伟大的萧伯纳一起玩了。"

谁知，这个小女孩儿也学着萧伯纳的口气说："好，你回去了也要告诉你的妈妈，你今天和伟大的苏联女孩儿安娜一起玩了。"

小女孩的话深深地触动了这位大文豪的心，他立刻意识到了自己的傲慢，并向小女孩儿道歉，两个人高兴地道了别。后来，萧伯纳每回想起这件事都感慨万千，他说："一个人无论有多大的成就，对任何人都应平等相待。"

当你摆出了一副高傲的架子时，别人也会用同样的方法来回敬你。小女孩的话深深地触动了这位大文豪的心，萧伯纳意识到了自己的错误，重唤谦虚恭敬之心，向女孩诚恳地道了歉，从而赢得了女孩的喜爱和尊重，也显示出了一代伟人的风范。你在对别人恭敬的时候，才会庄严自己。

人人都渴望平等，任何抬高和贬低自己的语言与行为，都不利于建立和谐的人际关系。在现代礼仪中，尊重原则是基础，是最重要的。一个人无论有多么大的成就，都要在尊重的基础上，平等地对待每一个人。所谓尊重就是指以礼貌待人，礼尚往来，既不盛气凌人，也不卑躬屈膝。

官职再大，地位再高，钱财再多又怎样，每个生命都不卑微，所有人的人格是平等的，世界上谁也不会比谁高贵多少。即使你再高人一等，也没有盛气凌人的资本。"法兰西第一帝国皇帝"拿破仑就经常告诫自己的部下："在这个世界上，没有无用之物，不管是什么东西，我们都不应该加以贬低。"

子曰："君子不重则不威"，重为庄重，不是自命贵重；威乃威严，绝非八面威风。那些取得伟大成就的人，无论居于何等高位，身份多么尊贵，他们都会以一颗慈悲之心，尊重身边的每一个人，这是一种伟大的品德。

尊重别人，就是对他人恭敬。当你具有这种品德时，你就会设身处地地为他人着想，考虑别人的感受和需求。"你希望别人怎样对待你，你就应该怎样对待别人"，只有尊重别人，你才能收获尊重和欣赏。退一步说，就算他们不会给你丰厚的回报，你尊重他们也不会损失什么，反而赢得了良好的口碑和人缘。

有一回，苏联大文豪斯路肯夫在公园里散步时，看到一个衣衫褴褛的乞丐躲在公园的角落。乞丐每次向人乞讨时都很不好意思，但是很多人冷漠地走开了。斯路肯夫很同情这位乞丐，便决定给他一些钱，但是他翻遍身上所有的口袋，却找不着一分钱。

望着乞丐充满希望企盼的眼神，斯路肯夫很过意不去。他本想大步走开，摆脱这种尴尬，但是他觉得这样做有点不妥，于是便伸出手去，紧紧地握着乞丐那双脏兮兮的手，真诚地说："真抱歉，我今天出来没有带钱。"

顿时，乞丐的眼中漾起了一种从未有过的满足感，他紧紧地握着斯路肯夫的手，感动地说："先生，谢谢您。您已经给我施舍了，您不嫌弃我的肮脏和贫寒，您的握手就是对我最大最好的施舍了！"

乞丐并没有从斯路肯夫手中讨得一分钱，可是他却非常地感激他，这是因为在别人都冷漠地离去时，这位伟大的作家并没有表现出丝毫的嫌弃之意。他发自内心的尊重，让乞丐原本伤痕累累的心有了些许温暖的感觉。通过这个故事，我们看到了人与人之间的尊重，也看到了斯路肯夫人格的高尚和价值。

尊重是心灵和生命里最珍贵的礼物，最令人温暖和感动，尊重适合于任何场合。人可以有富足和贫困之分，但人格的高贵不会因为生活的境遇而发生改变，即便是生活在社会最底层的人们，对尊重也有同样的渴望。尊重每一颗心灵，给一颗心灵予以尊严，是我们每一个人都应该做到的。

温柔拍拍你的肩

你心情不好，让我抱抱你。

如果有人做了让我们觉得很痛苦的错事，不少人往往会以同样的方式激怒对方，让他也同样受苦，如此自己便觉得安慰些。我们会想："你害我那么痛苦，我要惩罚你，给你一点苦头吃。只要看到你痛苦，我就会觉得好多了。"但当你使对方痛苦时，他也会反击，好让自己舒坦些。

结果呢？双方的痛苦不断加深，谁都得不到好处。

温薇对抽烟深恶痛绝，结婚那天规定丈夫姜涛从此必须不沾一点烟。姜涛深爱着温薇，而且没有烟瘾，慢慢地就将烟戒掉了。但是，有一次温薇下班回家，居然看到姜涛坐在电视机前，手里夹着一根烟，便与姜涛大闹了一场。

姜涛解释说自己因为公司的事情心情不好才抽烟的，但是温薇始终不肯原谅他，"我平时对你那么好，要求你戒烟也是为了你好，你却背着我抽烟，真是没有良心。"有朋友得知情况后，劝说温薇要理解姜涛一下。谁知，温薇却理直气壮地回答："心情不好怎么了，就可以为所欲为了吗？"

姜涛在公司好歹也是个部门经理，挺有自信地管理着上百号人，可在家里却只有挨骂的份儿，渐渐地他的自尊心受到严重的挫伤，甚至觉得自己一无是处，糟糕到了极点……后来，姜涛抽烟的次数越来越多，他和温薇吵架的次数也就愈加频繁，再后来他们选择了离婚，从此形同陌路。

姜涛背着自己抽烟，在温薇看来这是一种错误，她不但不理解他是因为心情不好才抽烟，还不断地指责姜涛，始终不肯原谅他，结果姜涛抽烟的次数越来越多，然后争吵、离婚。由此可见，在人际交往中，破坏力最强的莫过于揪着别人的错误不放，它会带来一场不快、一场争吵，甚至能使情人变成怨偶，使朋友变成敌人。

其实，当别人做错事情的时候，我们最需要的是慈悲，因为没有任何人应该得到惩罚。"人非圣贤，孰能无过"，人总有需要别人原谅自己的时候，而且一个人说错话或做错事，总是有原因的，理解一点，站在对方的立场上思考问题，用慈悲之心来帮助他人认识错误，改正过错，这比责骂和教训会获得更好的效果。因为慈悲是一种包容，是一种关怀，它最具有力量。

我们不妨先来看一个故事。

梦窗禅师是唐朝开元年间有名的禅师，有一次他搭船渡河，渡船刚离岸时，远处来了一位骑马佩刀的大将军，大声喊道船夫等他一下。船上的人认为船已开行，纷纷叫将军等下一艘。梦窗禅师则对船夫说："这船离岸还没有多远，你就行个方便，掉过船头载他过河吧！"于是，船夫就把船开了回去，让那位将军上了船。

将军上船后见座位已满，便用鞭子抽打坐在船头的梦窗禅师，叫骂着给他让座。鞭子打在梦窗禅师头上，鲜血顺着脸颊流了下来，梦窗禅师一言不发地把座位让了出来。大家纷纷窃窃私语，指责这位将军忘恩负义。将军隐约听到了大家的议论，不免心生悔意，于是下船前向梦窗禅师认错。

谁知，梦窗禅师心平气和地回答："不要紧，你心情不好。"

梦窗禅师的雍容大度令人叹为观止。在别人犯错的时候，我们应像梦窗禅师一样不去责骂或惩罚犯错的人，而是宽以待人，以"不要紧，你心情不好"宽慰对方，让其自省，发现自己的错误。试想一下，如果梦窗禅师对这位将军大加责备，结果会怎么样呢？很可能导致一场冲突。

面对别人的错误，最高明的方法就是慈悲一点儿，给予原谅。假如别人能够觉察自己的错误，内心愧疚，你会收获一份尊敬。假如别人不能觉察自己的错误，你也避免了被别人的错误所伤害，而且你对别人的原谅，不但成就了自身的雅量，还衬托了别人的粗鄙，这实在是一箭双雕的事情，何乐不为呢？

包布·胡佛是一位著名的试飞员，他常常在航空展览中表演飞行。一天，胡佛驾驶着一辆螺旋桨飞机在高空表演，当飞机行驶到空中 300 英尺的高度时，引擎突然熄火。凭着熟练的技术，胡佛操纵着飞机着陆，而且没有人受伤，但是飞机严重损坏了。在迫降之后，胡佛的第一个行动是检查飞机的燃料。天啊！他发现，这架螺旋桨飞机里居然装的是不对口的喷气机燃料。

回到机场以后，胡佛找到了为他保养飞机的机械师。那位年轻的机械师已经知道，由于自己的粗心造成了一架非常昂贵的飞机的损失，还差一点使三个人失去生命。他为自己所犯的错误而极为难过，泪流满面。他心想：包布·胡佛这位极有荣誉心、事事要求精确的飞行员必然会痛责自己的疏忽。

但出人意料的，胡佛没有指责这个机械师，他轻轻地用手臂抱住了后者的肩膀，温和地对他说："你是一个非常专业的机械师，绝对会认真对待工作的。之所以出现这样的错误，我猜想你当时是被其他的什么事情干扰了。为了证明你不会再犯错误，我决定给你一个机会，明天你再为我保养飞机，好吗?"

年轻的机械师狠狠地点了点头。

毫无疑问，包布·胡佛是一位心怀慈悲的人，他通情达理、善解人意，能够原谅这个机械师的过失，坚持说对方的本意是好的，只是一时不小心才犯下了错误，结果使年轻的机械师心存感激，努力将功补过。

一个人的过错，常常不是有意造成的。生活中，请让我们相信，做错事情的人都有值得同情和原谅的地方。从对方的角度出发，多一些理解，动之以情，循循善诱，使他们深刻地认识自身错误，多给他们一些将功补过的机会，相信这样你可以温暖一颗失落的心，赢得更多的尊敬和支持。

让"我们"在一起

我们在一起，便是美丽的圆。

在开口说话时，我们要注意这样的细节，说"我"和"我们"给人的感觉完全不同。

有这样一个故事。

A 和 B 两个好朋友一同散步，半途他们看到地上有一张百元大钞。

A 赶紧跑过去，捡起那张百元大钞，兴奋地对 B 说："你看，我的运气真好。"说着把那张百元大钞放进了自己的口袋。

这时，失主找来了，他不仅要回了那张百元大钞，还诬告说 A 偷了他的钱包。

A 有口难辩，无辜地对 B 说："这回我们可麻烦了。"

B 听后立即纠正说："不是'我们'，你应该说'这回我可麻烦了'才对!"

常说"我想"、"我要"等语，这会给人突出自我、标榜自我的印象，这会在对方与你之间筑起一道防线，形成障碍，影响别人对你的认同。亨利·福特二世描述令人厌烦的行为时说："一个满嘴'我'的人，一个独占'我'字、随时随地说'我'的人，是一个不受欢迎的人。"

相反，用"我们"一词代替"我"来做主语，例如：将"我建议，今天下午……"改成"今天下午，我们……好吗?"则有助于制造彼此间的共同意识，促进彼此之间的感情交流，缩短彼此之间的心理距离，对促进人际关系将会有很大的帮助。因为说"我"有时只能代表你一个人，而说"我们"代表的是大家，默然之中形成了一种共识：我们是一样的，从而找到共鸣。

为此，有一位心理学家曾做过一项科学而有趣的实验。他让同一个人分别扮演专制型和民主型两个不同角色的领导者，而后调查人们对这两类领导者的观感。结果发现，采用民主型方式的领导者，他们的团结意识最为强烈。而研究结果又指出，这些人中使用"我们"这个名词的次数也最多。而专制型方式的领导者，是使用"我"字频率最高的人，也是不受欢迎的人。

在听演说家演讲时，我们都会情不自禁地被他们的气场所感染，最终被说服。这是为什么呢？仔细想想，你会发现，演说家们很少说"我"，而是常用"我们"这个词语。那些社交经验丰富的人们，也正是因为他们一般很少直接说"我怎么着怎么着"，都是说"我们怎么怎么样"。

罗文是一家家具店的老板，说实话他的家具质量、款式等并不是最好的，但是奇怪的是却是最受顾客欢迎的，令其他家具店望尘莫及。罗文有什么经营秘诀吗？请看一下他是如何推销桌子的。

这天，一位顾客光顾，对罗文说："我想买一种自由折叠，高度可以自动调节的桌子。"罗文立即搬来了一张桌子，热情地介绍起这张桌子的功能。

顾客看了看，不满意地说："我觉得这张桌子款式有些旧。"

罗文微笑着说："在我们大多数人看来确实如此，而且它的结构有毛病。"

"结构有毛病？"顾客追问道。

罗文解释道："是啊，我们现在已经不仅仅把桌子当物品用了，还希望它外表美观大方就像装饰品一样，这张桌子嘛，结构有些简单了。"顾客点点头，罗文却突然猛地一脚踏上了桌子，还用力地踩了踩，然后满意地点点头："我们踩得这么狠都没有问题，看来这桌子挺结实，你说呢？"

顾客再点点头，用手用力拍了拍桌子。

罗文轻松地耸耸肩，"没关系，买东西不精挑细选的话，我们是会吃亏的。"

顾客笑了起来，脸上露出喜悦的神色，当即买下了这张桌子。

看到了吧，多说"我们"少说"我"，乍一看就差了一个字，没有什么特别，但仔细想想，还是有很大区别的。"我们"表明说话的人很关注对方，站在双方共有的立场上看问题，把焦点放在对方，而不是时时以自我为中心。在说话时强调"我们"，就会让对方感受到他与你是"命运共同体"，即使不能让别人绝对信任你，但也会让别人情不自禁地愿意亲近和接触你。

故事中，店主罗文和顾客本来是利益矛盾的两个人，但罗文说了很多温暖人心的"我们"的话——"在我们大多数人看来"、"我们现在已经不仅仅把桌子当物品用了"、"买东西不精挑细选的话，我们是会吃亏的"，他那颇具亲和力的语气感染了顾客，使顾客感觉两人处于相同的立场上，是可以信赖的朋友，从而达成生意。

试想，罗文如果一味地向顾客吹嘘"我"的桌子有多好多好，即便他所说的很有道理，但是给顾客的感觉依然是为了推销自己的产品，感染不了顾客，甚至还会让顾客产生误解，认定他只是为了个人利益在"演戏"，产生不信任感。一旦对方不信任你了，你说得再天花乱坠也是惘然。

不要总是以自我为中心，要时刻考虑别人的感受，在与别人商议或讨论问题时，要将"我"以"我们"的方式表达出来。不可避免地要讲到"我"时，要做到语气平淡，既不把"我"读成重音，也不把语音拉长。同时，目光不要逼人，表情不要眉飞色舞，神态不要得意扬扬，态度一定要自然平和。

美国前总统林肯曾说过："如果你想劝说一个人信从你的立场，首先要让他相信你是他忠实的朋友。"用"我们"一词代替"我"，换一种方式说话吧！让听者认为你和他们的利益一致，使听者感觉你们处于相同的立场上，进而信任你、支持你，真心倾向于你，这就是"我们"的神奇力量！

和风细雨情绵绵

最诱人的情感，是宽容的柔情。

我们几乎都有过遭人攻击的体会，比如，有人对你的相貌评价，"你也不照照镜子，那副长相居然还有勇气活着？"又比如人们对你的能力的诽谤，"以他的能力，打死我也不相信他能胜任这份工作"、"怎么升得那么快？他是走后门了吧？"

面对以上诸如此类的攻击时，我们原来的心理平衡被打破，不免会情绪急躁，大动肝火，有时甚至会和别人争得面红耳赤，以眼还眼以牙还牙，结果呢？争辩只能是越抹越黑，让别人的看法左右自己；斗，则大多是两败俱伤，彼此间感情恶化，自己也很难有好心情，这又何必呢？

举一个真实的例子：美国佛罗里达州有一位年轻人本来各方面都很优秀，就是个性太好强、性格太固执。有一天，一个朋友说他没有能力，没有志气，只能靠父母养活，是一个"寄生虫"。这明显是一种攻击行为，这位年轻人一听极为愤怒，动手打了朋友，结果因故意伤人罪进了监狱。

因此，在面对别人的有意攻击时，我们与其情绪激动地反唇相讥，与人争斗，不如温和一点，宽容一点，坦然自若地去面对。这样既能维护好内心的平衡，又能和风细雨地化解矛盾，进而赢得别人的赞叹，何乐不为。

从前，有一个叫吴智的人很瞧不起僧人，一次他在大街上恰好碰到了一位老和尚，于是便用尽各种方法讥讽、嘲笑老和尚，但是老和尚好像没听见似的，只是时常微微一笑，并不反击也不多言。

旁人都有些看不过去了，纷纷替老和尚抱不平，并不解地问老和尚为什么对于吴智的侮辱无动于衷，始终心平气和。老和尚轻轻一笑，回答道："他是病人，我是医生，我要笑着面对。我可以深深记得，他为什么情绪如此激烈……因为他所感受到的痛苦必然比我所感受到的他的愤怒来得百倍之多。"

老和尚顿了顿，对吴智说："你能够再多说一些吗？"

吴智一下子变得面红耳赤，灰溜溜地走了。

"他是病人，我是医生，我要笑着面对。"这就是老和尚的自解之道，这是一种精神胜利法。虽然我们不提倡将对方当做病人看待，但是一个心胸过于狭窄、性情过于偏私的人必是精神上出了毛病的人。"清者自清"、"身正不怕影子斜"，只要我们端正自己的心态，温和宽容地对待攻击者，那么不管别人怎么攻击，都影响不了我们的情绪，更左右不了我们的生活。

文学大师拜伦说："爱我的我抱以叹息，恨我的我置之一笑。"他的这一"笑"，真是洒脱极了，有味极了。笑容通常被人们认为是不败的象征，在他人嘲讽、恶意中伤你时，笑容是唯一可以化解隔阂，使你立于不败之地的有力武器。

退一步说，有的人攻击你，很大程度上是因为你比他优秀，能力比他强，他之所以攻击你，是因为心理不平衡，"吃不到葡萄说葡萄酸"。因此，嫣然一笑，视若不见，充耳不闻，使这种攻击行为伤害不到你，拖不垮你，打不倒你，挡不住你，做自己应该做的事情。他望尘莫及时，只能欣赏你。

由于工作出色，何姿进入公司不到三年就被领导提拔了，她从一个普通会计晋升为了财会小组长。遇到这样的好事情，何姿心里自然是美滋滋的，上下班路上都哼着小曲，但是很快这种好心情就被破坏了。

有一个同事心不平衡，觉得自己是老员工，凭什么这么好的机会让资历尚浅的何姿"捡"了。于是，对何姿的态度尖刻了起来，说话很不客气，有时还带着"刺"："有些人爬得真快，也不想想是谁在给她垫着背"、"人家年轻人长得好看，悄悄抛一个媚眼，自然就能得到老板的宠爱"……

听到这些，何姿自然明白对方所指，她很是气愤，但是理智控制了情感。办公室就几个人，她也不想搞得很僵，毕竟还要来往，而且自己也要发展和进步。于是，每当同事对自己风言风语时，何姿都是嫣然一笑，继续埋头工作。

就这样，何姿顶着被否定的心理压力，不断地提高自己、完善自己，工作成绩越来越好，又一次次得到了领导的表扬。时间久了，这位同事也觉得何姿的工作能力的确比自己高出不少，也便不好意思再说什么了。

把心放宽一点，学着不计较吧！清者自清，以忍灭嗔，用实力证明自己，表现得自己非常有涵养。而且，用温和宽容的态度来"迎战"对方强硬的攻击时，你会发现，别人任何的无理攻击与诽谤都会在你的柔声细语之中无用武之地，如此也就能和风细雨地化解矛盾，换来心安神定的人生境界。

　　总之，别人的攻击实际上就是一个圈套，在面对的时候，学着宽广一点，包容一点，心持"他是病人，我是医生，我要笑着面对"的观念，不因他人的无理取闹、荒唐攻击而乱方寸，也不为此大动干戈，努力做好自己的事情，我们就能赢得安心之道，活出真我风采。

慈心，柔语

你说话的样子，就是你心像的写真。

俗话说"祸从口出"，人与人之间原本没有那么多的矛盾纠葛，往往因为有人只图自己嘴巴一时痛快，说话之前不加考虑，总是想到什么就说什么，只言片语伤害了别人的自尊，或者说话不讲情面，甚至以尖酸刻薄之言讽刺别人，让人下不了台，如此对方心中怎能没一股邪火？

西蒙·考威尔就是这样一个很典型的人，他是美国唱片公司老板、热门选秀节目的评委、知名电视名人。这位性情豪爽、脾气暴躁的美国偶像总是口无遮拦地批评选手，"你的声音，听上去像一只猫从帝国大厦上跳下来"、"有的人在这里就是连累整个演出的"……因为出言不逊，西蒙·考威尔被冠上了"毒舌"之名，还多次引起了众人的不满和控告，最后不得不退出了评委席。

回想一下，你有没有犯过这样的错误。当别人穿上新买的衣服时，你会直截了当地说："眼光怎么这么差呀，竟然买这种衣服！"在拥挤的公交车上被人无意踩了一下，你是不是会憋不住心头火，横加责骂对方……

如果细加观察，我们就会发现，人们发生冲突的根本原因往往就在于口舌之争，哪怕只是多说了一句话。一旦加上这句话，交谈就变成了吵嘴，并且会愈演愈烈。一件几乎可以忽视的事情，就会立刻发展为一件不可忽视的大事，犯下不可挽回的错误，给生活增加不必要的矛盾和怨恨，可悲可叹。

有一个《多说了一句话》的小故事，我们不妨来看一下。

一辆公共汽车上，一个外地年轻人手里拿着一张地图研究了半天，问售票员："你好，请问去中山陵应该在哪儿下车啊？"售票员是个年轻姑娘，她撇撇嘴说："你坐错方向了，应该到对面往回坐。"要说这些话也没什么，错了就坐回去呗，但她多说了一句话："拿着地图都看不明白，还看什么劲儿啊！"

年轻人有涵养，他"嘿嘿"一笑把地图收起来，准备下车。旁边有个大爷可听不下去了，他对小伙儿说："你不用往回坐，再往前坐五站然后换乘374路也能到。"要是他说到这儿也就完了，既帮助了别人，也挽回了南京人的形象，可他又多说了一句话："现在的年轻人哪，没一个有教养的！"

车上年轻人好多呢，打击面太大了吧！旁边的一位打扮时髦的小姐忍不住了，说道："大爷，没教养的毕竟是少数嘛，您这么一说我们都成什么了！"她这么说也没有错，但她又多说了一句话："要我说啊，您这种上了年纪的人，表面看着挺慈祥，一肚子坏水儿的多了去了！"

"你这个女孩子怎么能这么跟老人讲话！你对你父母也这么说话吗？"这时，一个中年大姐冒了出来，女孩子立刻不吭声，可大姐又多说了一句："得得，瞧你这种打扮也不像规矩的孩子，估计你父母也管不了你！"接着，两人吵成了一团。

到站了，车门一开，售票员小姑娘说："车上人这么多呢，你俩都别吵了，赶快下车吧。"这话也没有错，但她也多说了一句："要吵统统都给我下车吵去，不下去车可不走了啊！烦不烦啊！"这下，所有乘客都烦了！整个车厢炸开了锅，骂售票员的、骂时髦小姐的、骂中年大姐的……

那个外地小伙儿一直没有说话，他大叫一声："大家都别吵了！都怪我没好好看地图，大家都别吵了行吗？"听他这么说，车上的人很快平息下来。但"多余的一句话"他还没说呢："早知道你们都这么不讲理，我还不如不问呢！"

结果，整个车厢又炸开了锅，引发了一场"骚乱"。

由此可见，说话是一件很重要的事情，不会说话办不成事，不会说话就要得罪人。谁都有自尊心和虚荣心，所以，在说话时一定得顾及他人的面子，关注照顾他人的感受，考虑自己说话的方式，做到将心比心，设身处地。

说出去的话就像泼出去的水，是收不回来的，为人处世一定要口下留情。"三思而后行"，这是古圣先贤留给我们的宝贵经验，告诉我们在说话之前最好先想一想，掂量掂量：说出之后会有什么后果？带给他人怎样的影响？有什么效果？更重要的一点是，会不会伤人？如果伤人，能不能换一种方式说出来？

19世纪，英国首相本杰明·狄斯雷利就给我们树立了好榜样。

有段时间，一个野心勃勃的军官一再请求狄斯雷利加封他为男爵。狄斯雷利知道此人才能超群，也很想跟他搞好关系。但由于该军官未达到加封条件，对工作负责的狄斯雷利无法满足他的要求，这令该军官觉得很伤面子。

一次，这名军官又提出了加封男爵的要求，狄斯雷利知道自己若再次拒绝他很可能会树立一个敌人，于是便将该军官单独请到办公室，放低声音说道："亲爱的朋友，很抱歉我不能给你男爵的封号，但我会告诉所有人，我曾多次请你接受男爵的封号，但都被你拒绝了，好吗？"

这个消息一传出，众人都称赞这名军官谦虚无私，淡泊名利，对他的礼遇和尊敬远超任何一位男爵。军官不再强求狄斯雷利给封爵，并且由衷地感激狄斯雷利，并且成了狄斯雷利最忠实的伙伴和军事后盾。

本杰明·狄斯雷利之所以取得了成功，就在于他懂得"打人不打脸，揭人不揭短"的道理，知道一再拒绝这位军官要求加封的请求无疑是当面扇他耳光，他肯定不会善罢甘休，于是本杰明·狄斯雷利站在对方的角度考虑事情，从对方的角度出发，尽可能地维护了对方的面子，避免了不必要的麻烦。

美国艺术家安迪·渥荷曾经告诉他的朋友说："我自从学会适当地闭上嘴巴后，获得了更多的威望和影响力。"在实际生活中，我们要想让生活少些不必要的烦恼和怨悔，就要时刻记住"祸从口出"，说话之前在脑子里多绕几个弯，说了会伤和气的坚决不说，能说的话也要温和地说。

例如，在马路上，看到行人莽撞或不遵守交通法规时，有些驾驶员往往会提高嗓门骂几声"没长眼睛啊"、"想找死啊"……这时行人往往会展开对骂，甚至与驾驶员对打……但假如驾驶员能够考虑路人的面子和自尊，温和不失严肃地告诫一声："性命交关！请遵守交通"、"出行小心点，你好，我也好"……这样既可以起到教育他人的作用，又不失自己的文明风度。

口下留情，脚下有路，一举多得，何乐不为？

打开"心牢"的锁

你把自己隔离。

古希腊神话里有这样一则名为"仇恨袋"的故事。

赫格利斯是一位非常勇猛的大神，他从来都是所向披靡，无人能敌。有一天，他行走在一条狭窄的山路上，突然一个趔趄险些摔倒。定睛一看，原来脚下躺着一只袋囊。他猛踢一脚，那只袋囊非但纹丝不动，反而气鼓鼓地膨胀起来。

赫格利斯恼怒了，挥起拳头又朝那个袋囊狠狠一击，但它依旧一动不动，还迅速地胀大着。赫格利斯暴跳如雷，拾起一根木棒朝它砸个不停，但袋囊却越来越大，最后将整个山道都堵得严严实实。

赫格利斯累得气喘吁吁，气急败坏地躺在地上。这时宙斯出现了，他淡然一笑，说："这个袋囊叫做'仇恨袋'。如果当初你不睬它，或者干脆绕开它，它就不会跟你过不去，也不至于把你的路给堵死了。"

纷繁复杂的都市生活里，我们时常会遇到"仇恨袋"，大至人生挫折，小至人际纠纷。普通人往往会像赫格利斯那样，一心想着对付"仇恨袋"，结果冤冤相报抚平不了心中的伤痕，只能将你与伤害你的人捆绑在无休止的报复战车上，让仇恨充斥内心，徒增痛苦，身心俱惫。

　　这里有一个著名的例子。

　　美国著名的建筑大王凯迪和飞机大王克拉奇曾经感情很好，凯迪有一个漂亮的女儿，而克拉奇有个年轻有为的儿子，于是两人不顾子女的强烈反对，撮合他们成了婚。遗憾的是，这两个年轻人的感情不好，经常吵架。后来，凯迪的女儿竟然不幸惨遭杀害，而据警方详细调查后，搜集来的证据都指向克拉奇的儿子。经过审判，法院作出判决，克拉奇的儿子谋杀罪名成立，被判终身监禁。

　　令凯迪一家较为恼火的是，克拉奇的儿子在事实面前却从来不承认是自己杀害了凯迪的女儿，而克拉奇也极力为儿子的罪行拼命奔走上诉，又千方百计、拐弯抹角地不惜重金为凯迪一家做经济补偿，以求得凯迪能为儿子说情。而凯迪一想到自己惨死的女儿，就心痛难忍，痛斥克拉奇的儿子是罪有应得，埋怨自己当初看错了人，这令克拉奇很是恼火。自此，凯迪和克拉奇从秦晋之好变为了敌人，仇恨无情地笼罩在着这两个名门望族，他们的内心得不到片刻的平静，再没有真正地快乐过。他们明争暗斗，结果双方谁也没得到好处，都损失惨重。

　　就这样一年又一年过去了，在痛苦折磨了他们20年之后，事情终于真相大白，凯迪女儿的死根本和克拉奇的儿子无关。这件事在美国激起了轩然大波。面对记者的采访凯迪与克拉奇不约而同都说了同样的话："20多年来，我们所受的心灵上的折磨是用任何金钱也支付不起的！"

　　仇恨面前谁都不肯让步，两个本来很要好的朋友厮杀了二十余年，不知他们的多少黑发变白发，也不知道仇恨夺走了多少属于他们的快乐，人的一生又有几个二十年呢?! 试想这样的人，内心被仇恨所支配，怎么可能享有安心之美呢? 仇恨严重地摧残了心灵，的确是用任何财富都支付不起的。

既然如此，我们何必固执地抱着仇恨，让仇恨折磨自己也折磨他人呢? 不妨敞开胸怀，学着宽广一点，包容一点，心平气和地容纳世间的是非对错，温和包容人世间一切的喜怒哀乐吧。宽恕是一种对人对事包容、接纳的气度和胸怀，也是对仇恨最好的回应。英国哲学家培根曾说："报复的目的无非只是为了同冒犯你的人扯平，然而有度量原谅别人的冒犯，就使你比冒犯者的品质更好。"

恰在这一点上，南非前总统曼德拉的经历特别值得人们学习。

南非前总统曼德拉是南非的民族英雄，在被白人政府关押了 27 年之后出狱。1994 年 5 月 9 日，曼德拉正式被国会选为总统，在宣誓就任总统的典礼上，他邀请了曾经看守他的 3 名狱警作为客人来参加典礼，并亲自向他们致敬!

此时，整个现场乃至世界都安静无声。毫无疑问，曼德拉的这一举动把人们惊呆了! 因为谁都知道，这 3 名狱警在狱中不仅没有友好地对待他、照顾他，甚至还曾经想方设法地虐待过他。难道他不记得了吗?

在大家迷惑不解的目光中，这个饱经沧桑的历史老人发出了这样的感慨："当我走出囚室，迈过通往自由的监狱大门时，我已经清楚，如果自己不能把怨恨留在身后，那么我其实仍在狱中。"

曼德拉这一句深深的感慨，值得深思。换句话说就是：如果我们不能忘掉过去的仇恨，将其像当宝贝一样抱着，那么无异于终生住在无形的"心的牢狱"里，生命永远得不到解脱。曼德拉没有仇恨虐待自己的狱警，更以不计前嫌的态度对待他们，他宽广的胸怀有如光风霁月，令人敬佩。

放下仇恨，原谅他人，让自己多一份轻松，对方也会多一份感动和感激，正可谓"人心不是靠武力征服，而是靠爱征服的"。更何况，一个人如果连仇恨都可以放下，那么他还有什么不能放下的呢？生活中没有任何烦恼能够囚困其内心，如此也就能轻松获得从容与安然。

不让自己的心"坐牢"，这比什么都重要。

第九章

柔眼慈心，温暖整个世界

面对蝼蚁，你眼中看到的是可怜，我眼中看到的是可爱。万物众生，慈悲为怀，蝼蚁就是你我，"相煎何太急"，不如温柔共处。

那一年桃花盛开

流年记忆，五彩缤纷。岁月静好，我心淡薄。

活在纷纷扰扰的都市中，面对纷繁复杂的生活，我们会遇到太多的是非恩怨，有时一时间也理不出头绪。凡夫俗子纠缠其中不能自拔，非要弄个明明白白、清清楚楚，所以生活就有了那么多的烦恼、不快、痛苦，甚至颓废堕落，寻死觅活。

事实上，我们最需要的是持有一种温和宽容的态度，因为世界上没有什么是永恒的，也没什么是不可改变的，时间是岁月的手，翻云覆雨间改变着生活！很多原来看来一成不变的事情会随着时间的推移出现前所未有的变化，很多先前久久不能释怀的情感会在慢慢的沉淀中找到注解。

所以，凡事千万不要偏激，想不开，不妨把一切交给时间。时间永不停滞，人世间的所有的痛，包括生离死别，有一天都会被时间静静风干。春来冰消雪会融，请相信时间。真的，人生没有过不去的坎。

伊莉原本是一个幸福的女人，可是有一段时间里倒霉的事情接踵而至，她的丈夫因病去世了，不久她的儿子又坠机身亡。一连串的打击让她的心都碎了，她不知道今后的路自己能否坚持走下去，整日郁郁寡欢。后来，她因过度怀念丈夫和儿子，由怀念而生悲痛，结果病倒了。

了解到伊莉的病情和生活情况后，主治医生对伊莉说："你的病情太严重了，需要长期的住院治疗。但是你又没钱……我看这样吧，从现在开始，你可以在本院做零工，每天打扫病人的房间，以赚取你的医疗费用。"反正没有比这更好的活法了，而且就目前的情况来说，自己似乎根本别无选择。于是，伊莉开始手握扫帚，每天不停地忙碌着，将医院的角角落落打扫得干干净净。

时光飞梭，渐渐地，伊莉发现自己不再那么怀念丈夫和儿子了，内心也恢复了平静。寂寞、担忧被驱除了，伊莉的身体也就好了起来。三年的时间里，由于经常接触病人，伊莉对病人的心理也了如指掌，后被院方聘认为陪护，再后来，伊莉还成为该医院的心理咨询师，她觉得自己新的人生就要开始了。

看到了吧，时间是医治一切创伤的"良药"。很多时候，当下那个我们以为迈不过去的坎，一段时间之后回过头看，其实早就轻松跳过；当下那个我们以为撑不过去的时刻，其实忍着、熬着也就自然而然地过去了。

春去春又来，花谢花又开。时间，让深的东西越来越深，让浅的东西越来越浅。时间最大的魔力就在于让人在面对一切已知的和未知的困难面前都毫不担心，莫名地相信它会给一切事情一个最美好的答案，如此的态度往往能够解决很多问题，这就是将一切交给时间解决的理由。

有一位大公司的经理，常常收到代理商的投诉信。这些投诉通常无法解决又不宜拒绝。他的应付方法是，把信塞进一个写着"待办"字样的文件柜。他说："应该立刻予以答复，但我明白，如果答复就等于和他争辩，争辩的结果不外乎对人说'你错了'，这样不如索性暂时不处理。"事情的最后结果如何？

他笑着回答说："我每隔一段时间把这些'待办'的信拿出来看看，又放回文件柜去，其中大部分信件在我第二次拿来看时，里面所谈的问题都已成为过去或已无须答复。"

把一切交给时间，这不是消极，而是一种历练后的生活智慧。

总之，如果你要做一件事，而这件事的名字叫做忘记，那么时间就是最好的助力；当你不得不忘记，却又无能为力时，时间是最好的助力；当你做不了决定，左右为难，徘徊徜徉时，时间就是最好的解药，总有一天，一切都会有答案；如果，你正逢生命难关，别泄气，时间会帮你抚平伤痛的。

时间是医治一切创伤的"良药"，请耐心地等待。春去春又来，花谢花又开，时间会带给你所要的安宁。把一切交给时间吧，且闲庭信步，看花开花落。

百年一艳的"普雅花"

我愿用百年时光，换来一次灿烂。

现代都市生活中，随处可见的是等待。比如，当你兴致勃勃地进入饭店吃饭，遇到慢吞吞的上菜速度，你只能愤然等待；当你开车遇到红灯的时候，你只得无可奈何地等待；当你去超市购物结账的时候，前面已经排了很多人，你不得不安静地等待。

无论是哪一种，等待往往使人有一种莫名的烦恼，这种烦恼中含有对他人的怨恨，对生活的抱怨，有人甚至祈祷时间过快一点，希望永远没有等待。殊不知，没有了等待，生活也就失去了原本的意义。

从前，有一个年轻人与女朋友约会。他早早地来到一棵大树下，左等右等就是不见女友的影子，于是长吁短叹起来。突然他的面前，出现了一个天使。天使送给他一样东西，只要按一下按钮，就可以逃过所有的等待时间。

年轻人试着按了一下按钮，女朋友立即出现在他面前。他想，现在我们举行婚礼该多好，于是又按了按钮，紧接着出现了热闹的婚礼场面，他与妻子正手挽手向来宾鞠躬。要是现在我们就有了孩子，多好啊！于是，他的想法又实现了。他飞快地按着按钮，又有了孙子、重孙子，一眨眼工夫就儿孙满堂了。

一时之间，心中的愿望不断地超前实现了，可是此时的他却是老态龙钟，衰卧病榻，死亡的恐惧深深地包围着他。一直追求快点实现自己的愿望，很多东西没有享受就已经过去了。这时，他才明白，在生命中，即使等待也有很大的意义。

你还害怕等待吗？好好享受等待吧。

在南美洲一个海拔4000多米，人烟稀少的地方，生长着一种叫做普雅花的花，花开之时美丽到极致。这种花的花期只有短短两个月，而且百年才能开一次花，然而它总是静静伫立在高原之上任凭雨打风吹，等待着100年后生命绽放时的惊天一刻，等待着攀登者的眼前一亮！

对普雅花来说，等待是一种美丽，而对于人来说不也是吗？很多人缺乏的正是这种等待精神。那些好高骛远的人只看重成功的光辉却忽略了成功前的努力和等待，然而没有之前的努力和等待，哪来的成功呢？毕竟，成功是一个奋斗的过程而不是结果，人生更是如此，重要的是过程。

你看，飞舞的蝴蝶是美丽的，那种美丽是因为曾经在厚厚的茧壳中，蛹在黑暗与无助的寂寞中默默地等待并挣扎，才会为自己迎来这份自由灿烂的美丽；鲜艳的花朵是美丽的，那是因为泥土中的种子在寂寞的时光中悄然地舒展着生命，等待着温柔的春风与细雨，给它有了重生的希望。

生活中也有这样一种人，他们在等待中既不会烦躁也不会绝望。他们会将等待的过程看成是一种体验，去做、去看、去体会一系列可以享受到的东西，而对那时的他们而言，等待就不是痛苦的煎熬，而是一种别样的享受，是从各方面享受生活的难得一刻……

有一次，凯·本从偏远的农村搭车到城市，车到途中忽然抛锚。那时正值夏季，午后的天气闷热难当，这着实让人着急。凯·本询问司机，得知车子修好要用三四个小时时，便独自步行到附近的一条河边。

河边清静凉爽，风景宜人，凯·本在河中畅游了一番之后，感到浑身的暑气全消、心清气爽，之后他躺在一片树荫下，迎着和煦的风，看着蔚蓝的天，听着婉转的鸟鸣，觉得此刻美妙极了，最后他又美美地睡了一觉。

等凯·本回来后，司机已经将车子修好了。此时已经将近黄昏，凯·本搭上车，趁着黄昏凉爽的风，直向城中驶进。尽管耽误了半天的时间，但是凯·本逢人便说："这是我平生最美妙、最愉快的一次旅行！"

在汽车抛锚又不能及早修好的情形下，别人可能会顶着烈日，气恼地抱怨车子怎么不能提早一分钟修好。而凯·本则利用这段时间安心地在河边享受了一番，如此这次旅行变成了最愉快的一次。等待的妙处由此可见一斑。

等待不是消磨时光、无所作为、庸庸碌碌，而是把握时机，审慎出击的一种智慧；是暂时忍耐，默然悲喜的一种胸怀。懂得等待，享受等待的人是睿智的，更是幸福的。等待是一种美丽的坚持，希望到来之前是等待，希望到来之后还是等待，因为那时又有一个新的希望了，而希望是生活的源泉和动力。

《希望井》中有这样一段话："掉落深井，我大声呼喊，等待救援……天黑了，黯然低头，才发现水面满是闪烁的星光。我在最深的绝望里，遇见最美丽的惊喜。"几米用诗意盎然的语言写出了耐人寻味的哲理：人生不会一马平川，也不会总是春风得意，任何时候都有可能出现困境，这时候你应该学会等待，在等待中你也许会发现生活的另外一个出口，遇见不期而遇的美丽。

　　梅斗霜雪，独立寒枝，那是在等待春天；雪声潇潇，花木入梦，那是在等待晨曦；孤云出岫，一无所系，那是在等待彩虹……等待，是一幅山水画，几经描绘，静心欣赏，才能感受到它的美丽。等待，是一杯香茗，精心泡制，细细品味，才能品尝到它的清香。愿我们学会等待，享受等待。

百合的幽香

玫瑰是美，百合更香。

有这么一则寓言。

猪说，假如让我再活一次，我要做一头牛，工作虽然累点名声好啊；牛说，假如让我再活一次，我要做一头猪，吃罢睡，睡罢吃，活得赛神仙；鹰说，假如让我再活一次，我要做一只鸡，渴有水，饿有米，住有房，还受人保护；鸡说，假如让我再活一次，我要做一只鹰，可以遨游天空，云游四海。

这是很有意思的一种现象，可谓风景在别处。现实生活中，不少人士总是不由自主地羡慕别人所拥有的东西，小孩仰慕大人的成熟稳重，大人顾念孩子的清纯率真；女孩羡慕男孩坚强豪放，男孩也会偷偷羡慕女孩的娇嗔灵动……

殊不知，每个人在这个世界中都是一朵独一无二的花朵。每一朵鲜花都以自己独特的姿态展现在人们的面前。如果你拥有一朵百合，那么就不必羡慕玫瑰。的确，玫瑰有玫瑰的娇艳，但百合也有百合的清淡，两者没有根本的可比之处，两者都是可爱的，没有必要互相羡慕，不是吗？

更何况，每个人都不是如我们想象的那么美好，不如我们眼中看到的那么光鲜。每个人都是在理想和现实的差距中努力、挣扎、痛苦着，又都不愿让别人看到自己弱的一面，不愿让人觉得自己活得比别人差，所以展示在别人面前的大多只是虚华的一面。要是你和别人能够互换一下的话，会不会就真的快乐了呢？未必！

在河的两岸分别住着一个和尚与一个农夫，和尚每天看农夫日出而作日落而息，生活非常充实，相当羡慕。而农夫看和尚每天无忧无虑地诵经敲钟，生活轻松，也非常向往。因此，他们心中产生了一个念头："到对岸去！换个新生活！"有一天他们商量一番，达成了交换身份的协议。

当农夫做上了和尚后，才发现敲钟诵经的工作看起来悠闲，事实上却非常烦琐，每个步骤都不能遗漏。更重要的是，僧侣生活非常枯燥乏味，让他觉得无所适从；而成为和尚的农夫每天除了耕地除草之外，还要应付俗世的烦扰与困惑，这让他苦不堪言。于是，他们的心中同时响起了另一个声音："回去吧！"

人们常说：没有得到的，就是最好的。很多人也抱着这种心理，其实这完全是人的心理作用，当梦醒的时候，就会发现自己的才是最好的。而且，我们在羡慕别人的时候，自己也是别人眼中的风景。如此看来，我们真的没有必要去羡慕别人，而应该感谢上天所赐予自己的一切。

静下心来吧，摆正自己的心态，多关注一下自己，学会理性地分析生活，以积极的心态迎接自己所拥有的，用欣赏的眼光享受当下的美景。你会发现，自己原来如此的富足，进而获得心灵上的快乐和满足。

黄美廉生下来不久就被诊断出患有脑性麻痹，全身不能正常活动，肢体没有平衡感，手足时常乱动，口齿吐字不清。就是这样一个人，却靠着无比的毅力与信仰，拿到了美国南加州大学艺术博士的学位。黄美廉还在台湾开过多次画展，并到处用她自己的事例，现身说法，帮助他人。

有一次，黄美廉应邀到一个地方"演写"（不能讲话的她，必须以笔代口），会后发问时，一个学生当众小声地问："你从小就长成这个样子，请问你怎么看你自己？你都没有怨恨吗？"对一位身有残疾的女士来说，这个问题是那样的尖锐而苛刻，在场人士无不捏一把冷汗，生怕会深深刺伤了黄美廉的心。

但是，黄美廉却不介意，只见她回过头，用粉笔在黑板上吃力地写下了"我怎么看自己？"这几个大字。她笑着再回头看了看大家后，又转过身去继续写着：

一、我好可爱！

二、我的腿很长很美！

三、爸爸妈妈这么爱我！

四、上帝这么爱我！

五、我会画画！我会写稿！

六、我有只可爱的猫！

七、还有……

忽然，教室内鸦雀无声。黄美廉又回过头来静静地看着大家，再回过头去，在黑板上写下了她的结论："我只看我所有的，不看我所没有的。"众人安静了几秒钟后，一下子，全场响起了如雷般的掌声。

在旁人看来，黄美廉是那么不幸的一个人，为什么她却一点也没有觉得自己不幸呢？一句话可以解开其中的奥秘——"我只看我所有的，不看我所没有的。"正因为她从来不羡慕别人的生活，只关注自己所拥有的，生活在自己的天地里，才能不受外界的干扰干自己的事，也才能取得如此显著的成就。

"玫瑰就是玫瑰，百合就是百合，只要去看，不要攀比。"不要再去羡慕别人如何如何，好好算算上天给你的恩典，接受它，且善待它，守住自己所拥有的，并用适当的方式来告诉人们"我活得很好"，这是一种乐观而自信的心态。

不去羡慕别人，你的内心将变得豁达开朗，通达畅快；不去羡慕别人，你的日子就会变得悠然平静，从容不迫；不去羡慕别人，你才会找到自己的生活，过好你自己的日子。无论你是玫瑰还是百合，不必羡慕别人的美丽，用心地做好自己，终会有花团锦簇、香气四溢的一天。

不争赢一生

在无欲中，我得到了深深满足。

争，这是都市生活中最纷扰的一个字。这个世界的吵闹、喧嚣、摩擦、嫌怨、钩心斗角、尔虞我诈，都是争的结果。明里争，暗地争，大利益争，小便宜争，昨天争，今天争，你也争，我也争，甚至恣意妄行，胡作非为。

然而，争又得到了什么呢？权钱争到手了，幸福不见了；名声争到手了，快乐不见了；非分的东西争到手了，心安不见了。也就是说，你绞尽脑汁，处心积虑争到手的不是幸福，不是快乐，不是心安，而是烦恼、痛苦、仇怨。

有一对要好的朋友出外旅行，在路上遇见了一位白发老者。老者说："我是天上的神仙，见到你们非常高兴，我给你们准备一个礼物，如果你们当中的一个人先许愿，愿望就会实现，而另一个人就可以得到那愿望的两倍！"

听完老者的话，这两个人心里都开始算计起来。一个人心想："如果我先许愿，他就能够得到双倍的礼物！这样对我来说太不公平了，一定要等到他先讲！"而另外一个人也盘算着："我怎么可以先说出愿望，让他获得加倍的礼物，那我岂不是很吃亏？"于是，两个人互相推来推去，谁也不肯先许愿，让对方占了便宜。

两人推辞了半天，其中一人生气地说："你要是再不许愿的话，我就把你掐死！"另外一人心想，既然你这么无情无义，就别怪我心狠手辣了，于是心一横，说道："好吧，我先说出愿望！我的愿望就是，希望我的一只眼睛瞎掉！"立刻，他的眼睛瞎掉了一只，而他的朋友两只眼睛都瞎掉了！

这两个人就是因为争好处，结果两个人的眼睛都瞎掉了，他们不但无法再继续他们的愉快之旅，而且也失掉了最宝贵的情谊。此后，两人的生活恐怕就只有黑暗和痛苦了。足见，争，就会有争辩、争斗、战争，就会有利益心、名利心、俗世心，就会玷污如水的心灵，实际上是"捡了芝麻丢了西瓜"。

"夫唯不争，故天下莫能与之争。"老子一言，使不争成为智慧的代名词。从字面上看，这句话有些矛盾，既然不争，怎么天下人都争不过他呢？事实上，这里的不争不是一种消极沉沦、两耳不闻窗外事的与世无争，而是建立在知晓事物变化规律之上的豁达。其意在于：不争不该得到的，不争得不到的，不争得到了也没有益处的。

不就一事争长论短，不急一时较之高低，不较一时得失成败。"不争"是一种圆融，是一种智慧，是一种境界。保持心灵的平静，只有做到"不争"，才能摒除烦恼苦难，清除心灵繁芜，刹那间，万籁俱寂，恬静出尘。

一户人家找附近寺庙的一位僧人作法事，事后主人发现家中丢失了 20 两白银，他怀疑是僧人所为，便气势汹汹地到寺院问罪。僧人明白施主的来意后，并不多言，直接取出白银 20 两说："施主请把银两拿回去吧。"

这个人抓过银子气冲冲地走了，谁知等他回到家中，妻子却告诉他，因为临时有急事，她拿走了银子没有及时交代。此人听后感到非常内疚，万分羞愧，连夜到寺庙送还银两，并向僧人道歉。

僧人接过银子，只说："阿弥陀佛，善哉，善哉！"

一个有口皆碑的大师在被人诬陷偷银两时还能泰然处之、不怒不争、不计得失，这样的人生态度自然为人所敬仰与钦慕。由此可见，不战而自胜，正合乎了"上善若水，水利万物而不争"的哲学思想。

初春，百花烂漫，桃李吐芳，鲜花傲放，姹紫嫣红，竞相争奇斗艳。然而，荒凉的一角里总有一枝或几枝兰花不争春，不斗艳，不妖娆，不芬芳，静静地绽放。这种与人无争，与世无争，是何等崇高的品行，是何等淡定的境界啊！

在实际生活中，我们完全可以拥有这种品行和境界，而且我们有着无数个不争的理由：心胸开阔一些，争不起来；得失看轻一些，争不起来；目标降低一些，争不起来；功利心稍淡一些，争不起来；为别人考虑略多一些，争不起来……如此，你会发现，内心会一下子变宽，世界会一下子变大。

不争，这看起来简单的两个字，却往往需要人的一生去历练。英国诗人兰德直到暮年才写出了洞悉人生的《生与死》："我和谁都不争，和谁争我都不屑；我爱大自然，其次就是艺术；我双手烤着生命之火取暖；火萎了，我也准备走了。"这是平静淡然的最佳写照。

缘来缘往

真正懂缘的人，便不焦躁。

身在变幻莫测的都市中，人生际遇跌宕起伏，利益得失交错前行。人心之所以有喜有怨、有爱有恨，纷乱复杂，起伏不定，甚至沉陷于各种情绪的泥淖不能自拔，是由于我们有分别心，太过执着于自己的得失，得之喜，失之忧，不能做到得失从缘，随遇而安。

"风来疏竹，风过而竹不留声；雁过寒潭，雁去而潭不留影。故君子事来而心始现，事去而心随空。"这是古人对随遇而安的解释，意思是说，万事万物到头来都是一场空，所以应当抱有随遇而安的态度，事情来了就尽心去做，事情过后心情要立刻恢复，保持自己的本然真性于不失。

一天，福州罗山道闲禅师去拜会石霜禅师。一番攀谈后，询问："我自认为我内心的灵知灵觉已经出现了，可为何我总被一大堆纷乱的念头束缚住呢？在这种起伏不定的时候，我该如何用心修禅？"

石霜禅师回答说："你最好是正视它，直接把各种念头抛弃掉。"

道闲对这个答案不太满意，便又去请教全豁禅师，问了同样的问题。

全豁禅师轻轻一笑，回答："该止的时候它自然会止，你从缘好了，管它们干什么！"

的确，人生际遇不是个人力量可以左右的，此时与其怨天尤人，徒增苦恼，不如面对现实，随遇而安，因势利导，有也好，无也好，多也好，少也好，甚至光荣也好，侮辱也好，都不要太在意，从已有的条件中尽自己的力量和智慧去发掘新的道路，这才是求得快乐宁静的最好办法。

不计较穷通得失、顺利有无，遇到什么事情都能接受。生活给了什么，就坦然承受什么，这就是得失随缘，随遇而安！随遇而安，能适应各种环境，在任何环境中都能满足，这就寻求到了一种生命的平衡。谁能达到这种境界，谁的生活就美好，谁的生命就有质量，在生活中就能活得自在。

北宋大文学家苏东坡有一首诗，写他在西湖上与友人饮酒遇雨："水光潋滟晴方好，山色空蒙雨亦奇。欲把西湖比西子，淡妆浓抹总相宜。"这对湖光山色的生动描写，不正是大师面对人间拂逆事镇定自若、坦然自适的人生态度的生动写照吗？

苏东坡的一生可谓仕途坎坷，他一再被政敌排挤，几次被贬谪，还差点走上断头台。34岁时，因与王安石意见不合，他被贬出京到杭州做通判。44岁任湖州知府时，以文字遭谗，被控入狱；获释后，45岁被贬谪黄州；54岁那年，因与朝中权贵意见相左，由原来调越州改调知杭州；59岁那年，远调岭南边地。然而，他一生达观，随遇而安，留下的诗文中很少有悲观厌世之作，而且尽量追求人生的意义与生活的乐趣。

在"乌台诗案"遭贬后，全家人都为苏东坡担心而哭泣，可他却留下"乱石穿空，惊涛拍岸……一尊还酹江月"等诗词，其境界之宏大，气魄之雄伟，一腔赤心报国、壮志难酬的感慨一览无余；被贬黄州时，苏东坡失去薪俸，身陷"安步以当车，晚食以当肉"的窘境，他却能放下身段，带着一家老小十数口开荒播种，喂养家禽，实现了丰衣足食；晚年贬谪海南，苏东坡一再高歌："他年谁作舆地志，海南万里真吾乡"、"九死南荒吾不恨，兹游奇绝冠平生"……表现了对流放海南的不悔不怨之情。这样达观的态度是历代被流放海南的众多政客们无法相比的。此外，爱郊游、爱访友、爱谈禅论佛等爱好，苏东坡在海南一样也没丢。

虽然一生仕途坎坷，被流放于蛮荒之地，甚至被严刑拷打、几乎丧命，但是苏东坡依然自得其乐，微笑接受，大处着眼，随遇而安，保持着乐观开朗的心态。他留给我们的不仅是一篇篇气势磅礴、格调雄浑的千古名文，更多的是他那心灵的喜悦，是他那思想的快乐，是万古不朽的豁达心怀。

人生没有永远的坦途，人生的际遇千差万别，有的生于有权势有地位的家庭，有的出生在普通老百姓家；有的走到哪儿都伴随鲜花和掌声，有的无论身在何处都不受人待见。种种差别都是正常的，面对同样的境遇有的人愤愤不平，有的人却能随遇而安，让时光把人生的棱角磨平，让岁月把人生的羁绊冲散。

的确，随遇而安是一种智慧的生活态度，它可以使人保持一颗平静的心，使人能够理性地去看待生活和工作中的得与失，起与落。谁能做到随遇而安，谁就有宁静的心灵，就能在各种逆境中"失之东隅，得之桑榆"。周围的环境不利于才能发挥的时候，我们不妨韬光养晦，随遇而安，等待合适的时机，便可一鸣惊人。

David 和 Smith 是大学同班同学，大学毕业后两人开始一起找工作。当时的就业形势非常紧张，他们便降低了要求，到一家工厂去应聘。这家工厂正在招聘的岗位是清洁工，问他们愿不愿意干。David 略加思索后决定留下来，Smith 对这份工作是十分不屑一顾的，但是因为找不到更好的工作，并且可以和 David 一起工作，他也决定留下来了。

"堂堂大学生居然做扫地的活"，Smith 工作时没有什么积极性，上班时懒懒散散，每天打扫卫生时敷衍了事，不久就辞职不干了。与 Smith 正好相反，David 抛弃了大学生身份给自己带来的压力，完全把自己当做一名打扫卫生的清洁工，在自己的岗位上踏踏实实地工作，每天把办公室、车间都打扫得干干净净。

David 勤勤恳恳、任劳任怨的表现给老板留下了很好的印象，半年后老板就安排他给一位高级技工当学徒。由于 David 有大学的知识基础，加上他的勤奋好学，一年后他就成为一名技工。David 在技工的岗位上仍然保持一贯的工作作风，就这样过了一年他又成为了老板的助理，而此时的 Smith 却还在找寻着工作。

David 之所以取得了成功，在于他懂得随遇而安，无论是做清洁工、技工，还是做老板的助理，他都顺应境遇，不去强求，客观准确地衡量自己的能力，力争把当前岗位上的工作做好。当他抛弃不切实际的想法，尽全力去完成应该做的事情后，新的机会和新的岗位自然就向他走来。

生活中很多东西，靠人力是无法得到的，比如容貌、机遇、感情。一个真正智慧的人不会执着于其间的得失，而是随遇而安，乐观面对，安于脚下的根基，把眼前的一切当做发展的动力，这是一种淡泊宁静的人生修养，这是我们一飞冲天的必备条件，这也将帮助我们攀上人生的顶峰！

总之，世上没有绝对的对与错，得与失，人生际遇往往不是个人力量可以左右的，不必过于计较，不必沉迷得失，淡然处之，随遇而安，逐步拓展心胸的宽度和广度，获得一份心灵的寂静和安然，就是最好的选择和态度。

做一尊"石佛"

佛在心中坐，淡定便是。

生活中，我们常常会不自觉地在乎别人的眼光，为了得到别人的满意我们可谓费尽心机：猜测别人的想法，猜想别人的评判……并小心翼翼地行事，唯恐别人指责。以别人的标准来衡量自己的人，无非是想通过听取别人的意见，来获得更为和谐、更为良好的人际关系，这本无可厚非。

但是，你要知道，每个人的利益是不一致的，每个人的主观感受也是不同的，即使我们千般小心万般在意，也照样会有人不满意，难以赢得所有人的欣赏。如果为此费尽心机，小心翼翼地行事，很容易搅乱自己的心，失去应有的目标和方向。如此没有自我的生活是索然无味的，苦不堪言的。

有这样一个公司职员，他一心一意想升官发财，可是从风华正茂熬到斑斑白发，却还只是一个不起眼的小小公务员。这个人整天都郁郁寡欢，每次想起自己的一生就掉泪，有一天竟然号啕大哭起来。

一位新同事刚来办公室工作，觉得很奇怪，便问他到底为何如此难过。他回答道："唉，你有所不知。年轻的时候，我的上司爱好文学，我便学着作诗、学写文章，想不到刚觉得有点小成绩了，却又换了一位爱好科学的上司。我赶紧开始研究物理，不料上司嫌我学历太浅，还是不重用我。后来，

换了现在这位上司，我自认文武兼备，人也老成了，谁知上司喜欢青年才俊，
我……"

"我一直想得到上司的欣赏和重用，为上司们活了一辈子，但是……"说
着，这个人又禁不住地哭泣起来，"如今我年龄渐高，过不了几年就要退休
了，但是却一事无成，你说我怎么不难过？"

这位职员因为在乎每一位上司的眼光，处心积虑地为每一位上司而活，一
段时间学作诗写文章，一段时间研究物理……到最终还是没有获得重用，得到
的只是懊恼和羞愧。即便他最后获得了上司的重用，他的心也是不得轻松、没
有快乐感的，因为他根本已经不清楚自己内心的真正追求。

更何况，在日常生活中，总有那么一些人自己不做事，别人做事还不舒
服，"恨人有，笑人无"。你不做事，他说你没能耐；你做事，他说你逞能；
你搞经济，他说你不懂政治；你不喜欢赌博，他说你性格孤僻、脱离群众。好
也不是，坏也不是，那张嘴反正都是理，这是人性中的弱点。

所以，对于别人的评论，我们应当学会释然。无论是在哪种场合，无论我
们是否美若天仙，我们都不必活在别人的世界，处处担心别人怎么想，怎么
看，而应该在意自己想什么，安心怎样做好自己。当你懂得了这种释然，你就
会体会到什么才是真实的、无忧无虑的生活。

一天，一位妇人到服装专卖店，花了几百元买了一套名牌内衣。有人问
她，买这么高档的内衣穿在里面，别人又看不到岂不可惜？她淡淡地回答，
"我穿衣服是为了自己舒服，自己高兴，又不是给别人看的。"

"我穿衣服是为了自己舒服，自己高兴，又不是给别人看的。"只要自己穿着舒服，穿得舒心，完全没有必要在乎别人的眼光，计较别人的看法。内心淡然而定，坦然自若，安心做好自己，这种定力是相当重要的。

蒂姆·邓肯是 NBA 史上第一前锋，现在是美国马刺队的当家球星，他有一个绰号叫做"石佛"。人们之所以叫他"石佛"，一是他的表情总是严肃冷峻的，二是他总是处事不惊，坚持自己的追求，而不在乎别人说什么，而在赛场上发挥稳定、少有起伏也正是邓肯最大的特点。

有段时间，美国各篮球俱乐部进行全国总决赛，由于缺少了湖人大腕球星的身影，电视收视率大幅下降。有记者提问马刺是不是"收视毒药"，邓肯并不在意，"我们不在乎这个，马刺队一心只想赢球。拿下总冠军，这才是最重要的。我的目标就是获胜，至于其他的，随别人怎么想。"

有人指责邓肯的球风过于朴素、性格太过沉闷、赛场毫无激情可言，但这丝毫不影响邓肯的士气和信心，他指出："我只是在按照正确的方式打球，我只是每年接受挑战，我不需要引起别人的注意。"十几年如一日，他兢兢业业、勤勤恳恳、任劳任怨，低调而且沉稳，最终用自己的努力证明了自己的能力。

"随别人怎么想！"这句话说得真好，还有一句话说："20 岁时，我们顾虑别人对我们的想法。40 岁时，我们不理会别人对我们的想法。60 岁时，我们发现别人根本就没有想到我们。"这并非一种消极态度，因为大多数人都有自己的事情要做，并没有多少时间把注意力集中在我们身上。

比如，你在大街上当众不小心摔了一跤，惹得路人哈哈大笑。你当时一定很尴尬，认为全天下的人都在看着你。但是你如果站在别人的角度考虑一下，就会发现，其实这件事只是他们生活中的一个小插曲，甚至有时连插曲都算不上，他们顶多哈哈一笑，然后就把这件事忘记了。

记住，唯有你才是自己的主人，也唯有你对自己的人生有决定权。不必在意别人冷漠的表情、窃窃私语；不必费心去猜测、琢磨别人怎样评价你，安心地做好自己，让心灵自在飞翔，生活也就跟着轻松了、愉悦了。

"放下"的人生

看透了，便没有什么放不下。放下了，心便安了。

人之所以在感情里糊涂，生活中忙碌，职场中沉浮，人生中迷茫，整日心烦意乱、劳苦负累而不得超脱，皆因有所牵挂、放不下造成的。人在心情不好的时候会不自觉地把坏心情抱得更紧：关门不跟人说话，或是嘟着嘴生闷气，或是锁着眉头胡思乱想，结果心情只会越来越糟糕。

一个老和尚带一个刚出家的小和尚去山下化缘，小和尚一路上都恭恭敬敬地看着师父。他们走到一条小河边的时候，看见一位美丽的少女在那里踌躇不前。由于穿着丝绸的罗裙，无法跨步走过浅滩，少女便请求和尚们背自己过河。

老和尚毫不犹豫地背起这个少女下了水，蹚过湍急的河水把少女背到了对岸，放下少女，老和尚默不作声地继续往前走。但是，小和尚再不能安心走了。他一直在想师父不是老和我说我们出家人不能近女色的吗？为什么他就背着小女孩过河呢？

离开河边 20 多里地了，小和尚还是一直被这样一个问题困惑着，一路纳闷着。最后，小和尚终于忍不住了，问老和尚："师父，你不是说我们出家人不能近女色的吗？为什么你就能背那个漂亮姑娘过河呢？"

"呀，你说的是那个女人啊，我早已经把她放下了，你怎么还背着她呢？"

师父答道。

与师父相比，小和尚显然在生活智慧上还有很大差距。他不懂得放下，一直纠结于师父背少女过河的事情，结果给自己带来了诸多烦恼。相信很多人是那个无法"放下"的小和尚。

什么是放下？放下不是一味地冷漠，不是一味地逃避，不是一味地恐惧。放下，是要从心里面去放下。放下，如果得法，就是我们最好的安心剂。生活的快乐与悲伤、生命的长度与深度就在一收一放之间，尽数了然。

有一个女人抱着死去的儿子去求佛祖让他儿子死而复生，佛祖跟她说："请接受你的儿子死去的事实，放下吧！"

女人说自己放不下，依然央求。

佛祖从地上捡起一把干草，让女人用手拿着，然后从另一头点火。

火烧到女人手时，女人痛得把干草掉在地上，儿子的尸体也掉了下来。

佛祖曰："不放下的话，你只有痛。"

生活在繁忙的都市，很多人总是喊着活得太累，工作压力大，生活负担重，人际交往复杂，为什么会这样呢？这正是因为很多人放不下，紧抱着不好的情绪，而不肯放过自己。事实上，我们无法左右命运的走向，但是却可以放弃心中的负担。

放下，需要勇气；放下，是种境界。放，是痛定思痛后的清醒，是超越世俗的大智慧，是画龙后的点睛，更是深刻后的平和。正如一句话所说："握紧拳头，你的手里是空的；伸开手掌，你拥有全世界。"

因此，我们要想拥有好心情，就得从坏心情中开脱。对于那些给自己制造困扰的想法，要狠下心来，把它抛开，这样就能从烦恼的死胡同中走出来，就能拥有一份好心情，进而在生活中应付自如。

在《禅意与化境》中有一则关于佛陀的传说。

一个信徒一手拿着一个花瓶，前来献佛。

佛陀对信徒说："放手！"

信徒把他左手拿的那个花瓶放下。

佛陀又说："放手！"

信徒又把他右手拿的那个花瓶放下。

然而，佛陀还是对他说："放手！"

这时，信徒说："我已经两手空空，没有什么可再放的了，请问你要我放手什么？"

佛陀说："我要你放的是你的六根、六尘和六识。当你把这些统统放手，再没有什么了，你将从生死桎梏中解脱出来。"

本自清净，无物可放，亦无物可得。烦恼是外来之物，那该放就放下吧。

你心里的不快，世界的浮华纷扰，你放下了吗？

舍得，舍得，就是有舍才有得。

放下，你将解脱烦恼，享受自在人生。

放下，你将快乐淡定，心灵刹那花开。

放下，是在以另一种方式诠释着人生……